JN125175

農業と食の選択が未来を変える
医・食・環境から見る
自然栽培という選択肢

赤穂達郎／井上正康／奥田政行／夫馬賢治：著
一般社団法人自然栽培協会：監修

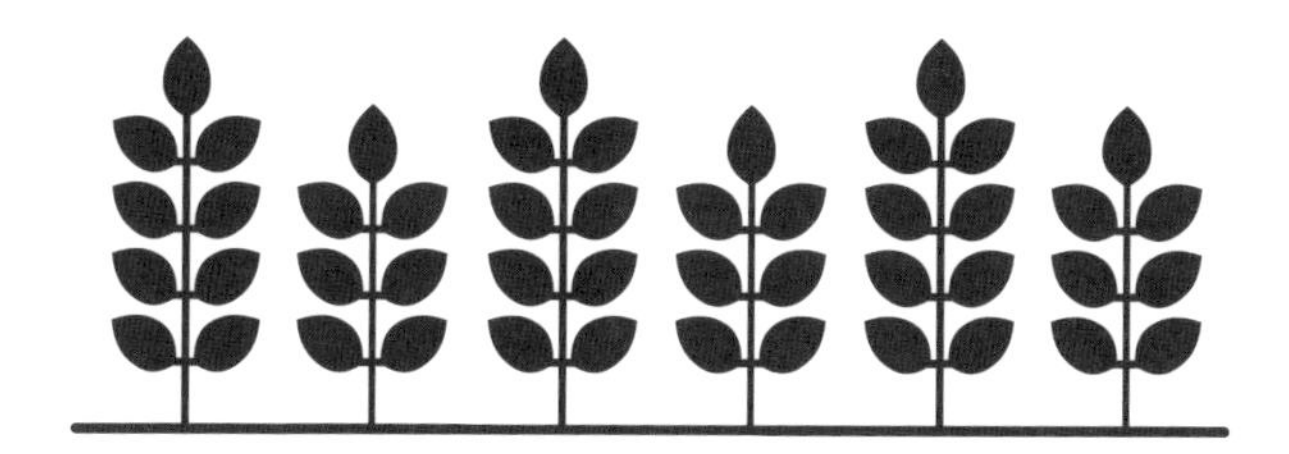

はじめに

本書は自然栽培に関連して、医療、食、農業、環境の各分野の視点から、社会の現状や目指すべき目標を述べたものです。

自然栽培とはどういったものなのか。
なぜ今、自然栽培に目を向ける人が増えているのか。
自然栽培が何をもたらすのか。

自然栽培という農法の話だけでなく、そこから広がる可能性について、農業はもちろん、医療、食、環境の専門家の方々の声を取り入れながら俯瞰的に解き明かしていこうという本です。

私たちの食べる野菜は、美味しさと幸せを感じさせてくれると同時に、心身の健康を育む基になります。その野菜が食卓に並ぶまでの生い立ちや辿る道はひとつではありません。例えば、栽培方法を見ても、多種多様なものがあります。

そのなかのひとつである自然栽培は自然の循環を模範とする農法です。環境破壊が大きな問題となり、持続可能な社会を模索する現代において、自然栽培は環境への負荷をできるだけ抑え、地球とともに環境を整えていこうとする農法です。土壌環境を改善するという点で、農業分野にとどまることなく、地球規模での循環社会を目指すものです。

ただし、この本は自然栽培がすべてを解決するという考えのものではありません。ＳＤＧｓが注目され、世界をあげて持続可能な社会をめざす際に、それを実現する重要な要素が多様性です。

自然栽培は多様性を糧とし、多様性を尊重する農法です。この多様性を尊重するというスタンスは、同時に他の様々な農法や考え方、あり方も尊重することになります。

子どもたちに健全な未来をつなぎたい。
健全な地球環境を守るために、必要なアクションを起こしたい。
生命の基本である食について考えてみたい。
人生をよりよくしたい。
安心で安全な食と環境を手に入れたい。
農業と環境の関わりに興味がある。
目先の情報に惑わされず、本質的なモノを見つけたい。

本書では、そんな方々に向けて、私たちが取り組む自然栽培でできることや考えられることを伝えていきます。

山には清涼な空気が流れ、厳しくも美しい表情を見せる自然の風景が広がっています。森の木々は豊かに生い茂り、春に芽吹いて花を咲かせ、夏に葉をいっぱいに広げ、秋にはたくさんの実をつけます。

自然栽培は、太古から続くそんな自然の営みを模範とし、自然の循環に寄り添って作物を収穫する農業です。そのために農薬や肥料を使いません。農薬も肥料もなく植物が育つ。それは自然の中で見ればごく普通のことですが、今の社会では「特別なもの」と捉えられがちです。

しかし、山や森や野原には絶えることなく植物が育ち、生命をまっとうした後は枯れて、また土壌の一部となります。あえて肥料がまかれることも、農薬が散布されることもありません。それがあるがままの自然の姿であり、なにも特別なことではありません。

自然のままで植物は育つ。そんなシンプルで明るい展望の原理にのっとり、私たちの命をつなぐ基本である食の話から展開していきましょう。

二〇二三年六月吉日

一般社団法人　自然栽培協会

目次

はじめに …… 2

〈第1章〉いま「食」の現場で起きていること …… 7
一般社団法人　自然栽培協会

〈第2章〉「食」は健康の基盤 …… 37
井上正康（医師）

〈第3章〉食材と料理の深い関係 …… 75
奥田政行（イタリアンシェフ）

〈第4章〉食を支える農業に多様性を求めて …… 105
赤穂達郎（自然栽培農家）

〈第5章〉「食」がこれからの環境と未来を変えていく …… 125
夫馬賢治（農林水産省・環境省などの委員会委員）

おわりに …… 157

第1章

いま「食」の現場で起きていること

著：一般社団法人　自然栽培協会

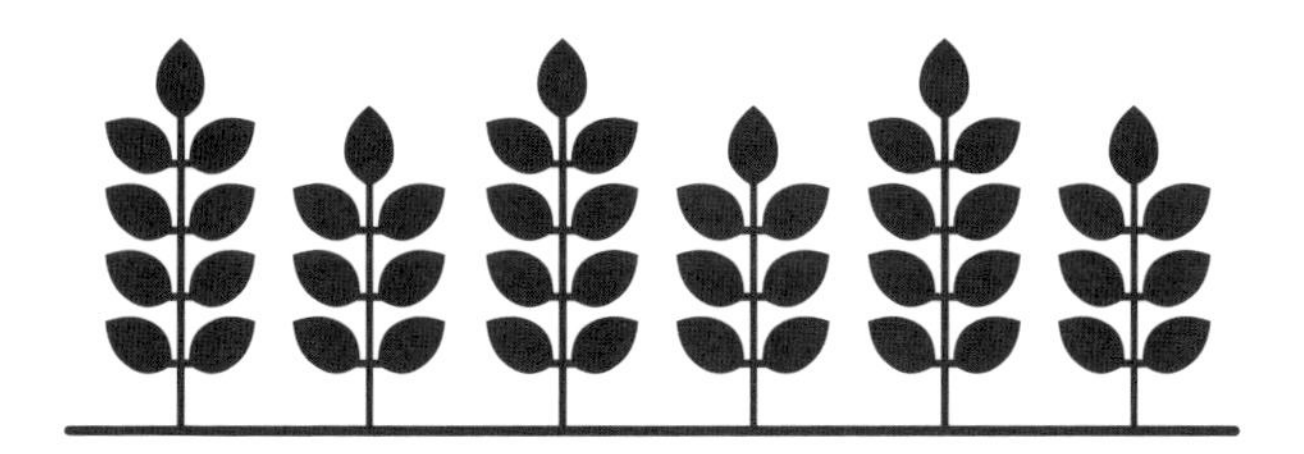

あなたの「生命の鎖」は健全ですか？

人間が文化的な生活をするための基本となる要素について「衣」「食」「住」という言葉が使われます。

なかでも「食」は心身の健康に、さらには生きることそのものに、いちばん密接な関わりをもっています。人間だけでなく、すべての動物が日々食べるものによって生命活動を維持しています。それは同時に、自分が食べたもので自分の体がつくられているということです。

生きていく上で、食べること、つまり栄養の摂取は欠かせないものであり、必要な栄養素をしっかり摂取することが、心身の健康を保つ基本となります。それほど大切なことだからこそ、小学校の家庭科の授業でも栄養素について学びます。

学校で習う3大栄養素は「脂質」「炭水化物（糖質など）」「タンパク質」です。それに「ビタミン」「ミネラル」を加えた5大栄養素は、一般的によく耳にする言葉です。

これだけいろいろなものを食べ、健康法や病気について知ったり考えたりする時代だからこそ、次から次へと体によさそうな栄養素や心がけたい食べ方などの情報が発信されています。

医学と同時に栄養学も日進月歩で進化し、専門的な学問として食べものと健康について さまざまな分野でいろいろな学説が世に出ています。専門的な研究としては分子栄養学や医療栄養学などがありますが、栄養の専門家ではない私たちにそれらが断片的に伝えられると「いったいどれが正しいのかわからない」という状態になってしまいそうです。専門家ではない人々が正しく詳しい知識を幅広く得るというのは、非常に難しいことであまり現実的ではありません。

昔の市井の人々は、私たちよりも栄養についても健康についても知識がなかったはずです。日常生活での衛生状態も、いまよりずっと悪かったことでしょう。それでもアレルギーやうつ病などは、いまよりずっと少なかったといわれています。

もちろん、怪我や衛生状態の悪さで失われる命は今よりも多かったですし、病気になったら医療を受けられずに亡くなる人もたくさんいました。でも、通常の生活における心身の健やかさという面では、今と比べてもひけをとらないか、もしくは今以上に良好だったともいわれます。

食だけでなく運動量やストレスの違いなども影響するため、食と健康との関係について、今と昔を一概に比べることはできません。しかし、少なくとも「1日30品目を食べなければいけない」とか「この食材は安全なのだろうか」などというような悩みは今ほどはなかったことでしょう。

身のまわりでとれたものをシンプルに調理して食べる。それが戦前までの庶民の生活でした。そうして食べられている限りは、心身に問題なく生きていけたわけです。

食と健康についての話は2章になりますが、最初に大前提を述べておきたいと思います。

栄養とそれによって機能する私たちの体は、全てがつながり合って様々な役割を果たしています。意味のないものは一つもなく、互いに役割を果たすことで正しく維持されています。つまり健康でいられるのです。

頭が痛いから頭痛薬を飲む。それで一時的に痛みは治るかもしれません。けれど痛みをはじめとする不調は身体や心からのSOSです。痛みの根本の原因を解消しなければ、また頭痛が再発してしまいます。

自分の心身に起きることは、自分という一つの人体のなかで細胞や組織の一つ一つが関連しあって生じた作用です。朝起きて、食事をしたり働いたり運動したりして寝る。どれをとっても、全身すべてが関連しています。

全体が関連し合って機能しているという点は、体の働きを支える栄養素も同じです。「イライラするのはカルシウムが足りないから」「肌荒れにはビタミンCとビタミンBがいい」などといわれます。だからといって、カルシウムのサプリメントだけをとればイライラが

**栄養素は働きに応じたものをバランスよく摂取することで、
十分な効果を発揮する**

治るのか、ビタミンだけをとれば肌荒れが起きなくなるのかというとそうではありません。栄養素同士も互いに関連し合っていて、それぞれ単独では十分に機能しないからです。

必要な栄養素をとることで、イライラしにくくなったり、肌荒れが治ったりすることがあるかもしれませんが、それは、その栄養素だけが働いたわけではないということです。他の栄養素が適正な量で保たれていて、補われた栄養素とともに機能して体の正常な働きを取り戻したから症状が治ったということです。

それが機械と生命の違いです。機械であれば壊れた部品を取り替えることで、また普通に動くようになります。でも生命体はそうではありません。様々な栄養と、それによって機能する器官がつながり合った「生命の鎖」によって、そのときの状態が決まります。

「生命の鎖」という考え方を提唱したのは生化学者のロジャー・J・ウィリアムズ博士です。口から入った数十項目にも及ぶ必要栄養素を、どのようにして、数十兆個にもなる私たちの細胞の必要な場所に必要な分だけ届けているのか。そんな神業を日々成り立たせているのが「自然」だと博士は記しています。

自然に従って食べていれば、自然に必要な栄養素が必要な場所に届けられる。自然にはそういった仕組みが備わっているということです。自然から離れたときや、自然の摂理に逆らおうとしたとき、私たちの心身や周囲の環境に不具合が生じるのは当然のことです。

食に関わる問題は、膨大といっていいほどあふれています。それら一つ一つを精査し、対策を考えるのは難しいことです。それをまとめて、自然に沿うというアクションで好転させる。それは誰もがいつからでも始められる、安全で手軽な明るい解決策といえるでしょう。

飽食なのに栄養不足な現代人

いま、私たちの食のあり方は、残念ながら自然とはいえない状態です。とはいえ、「完全に自然な状態の食生活を」ということになると現実的にはムリがあります。自給自足の生活では、現代社会での日常を維持していくことは難しいでしょう。

自然かそうでないかの2択しかないということではありません。選択肢は他にもいろいろありますし、どれか一つを選ばなければダメだということでもありません。

目的は「何をどう食べるか」自体ではなく、充実した幸福感のある日々の中で、よりよい生活を送ることです。何をどう食べるかは、そのための大きな要素の一つです。だから、自分がムリなく継続できる、よりよい選択をしていくことが重要だと私たちは考えます。

日本をはじめ、先進諸国では飽食が問題になっています。食べ過ぎや栄養過多が原因の肥満や成人病はなかなか減りません。例えば、日本では現在成人の5人に1人が糖尿病、またはその予備軍と言われており、この割合は年々増加の一途をたどっています。主な原因はわかっており、医学も進歩し、政府も公的検診などの対策をとっていますが、それでも成果がないことには不思議で首をかしげざるを得ません。

さらに不思議なのは、飽食が大きな問題とされる一方で、栄養失調（低栄養）に陥る人が増えているということです。

現代の日本で、食事をとることができずに栄養失調になるのは特別な状態といえるでしょう。不思議なのは、十分な量の食事をとっているのに栄養が不足しているという状態です。

原因の一つとされているのは、やはり偏った食生活です。全体の量としては十分か多すぎるのに、必要な栄養素が含まれていない食事をしているということなどが挙げられます。例えば菓子パンやおにぎり、カップ麺だけといった、単体の食べものばかりの食事、肉は好きだからタンパク質は十分でも、野菜を食べないためにビタミンやミネラル、食物繊維が不足するといった偏りです。

生命の鎖理論で言われるように、栄養はさまざまな成分が互いに協力しあうことで機能します。必要十分な種類・量の栄養素を摂取できる食事を日々心掛ける必要があるということです。

現代人に不足しがちな栄養素としては、意外にもタンパク質が挙げられます。過剰な食事制限や、特定のものを食べないという食習慣によってタンパク質が不足しているケースがあるといいます。また、食が細くなり、あっさりした食事に偏る高齢者などにもタンパク質不足が見られます。

ビタミン、ミネラルの不足も問題です。どちらも5大栄養素に含まれる重要な栄養素ですが、十分にとれていない現状があります。第6の栄養素ともいわれる食物繊維も不足しがちな栄養素です。食物繊維は体の調子、特に腸内環境を整えるために非常に重要な役割を果たすため、しっかりとる必要があります。

逆に過剰になりやすいのが、炭水化物と脂質です。これらは手間なく食べられるものや、外食、できあい食に多く含まれがちです。また、塩分も過剰になりやすい成分です。

ダイエットのためや、健康や環境のことを考えての食事制限は、必ずしも悪いことではありません。ただし、特定のものを抜く、特定のものばかり食べるという食習慣は、心身に負担をかけることがあります。専門的な知識なしに極端な食事制限を行うことは危険をともなうこともあります。「これはダメ」、「あれもダメ」「こうして食べないといけない」といった制限によるストレスも心身に良くない作用を及ぼす可能性があります。

自然はバランスのうえに成り立っています。どんな状態がバランスのよい状態かということにはいろいろな考え方がありますが、人々が古くから行ってきた自然に寄り添った食習慣は、それによって今につながっているという点で、人の健康にとってバランスの良い自然に近い「食」だと考えられます。

戦後、現代人のライフスタイルは大きく変化したものの、私たちの体自体はそれほど大きく変わっていません。日本人であれば、世界に認められたヘルシーフードである和食のスタイルを基本に、より自然に近い食材をバランスよく食べることが理想に近い食生活と

バランスの取れた食事

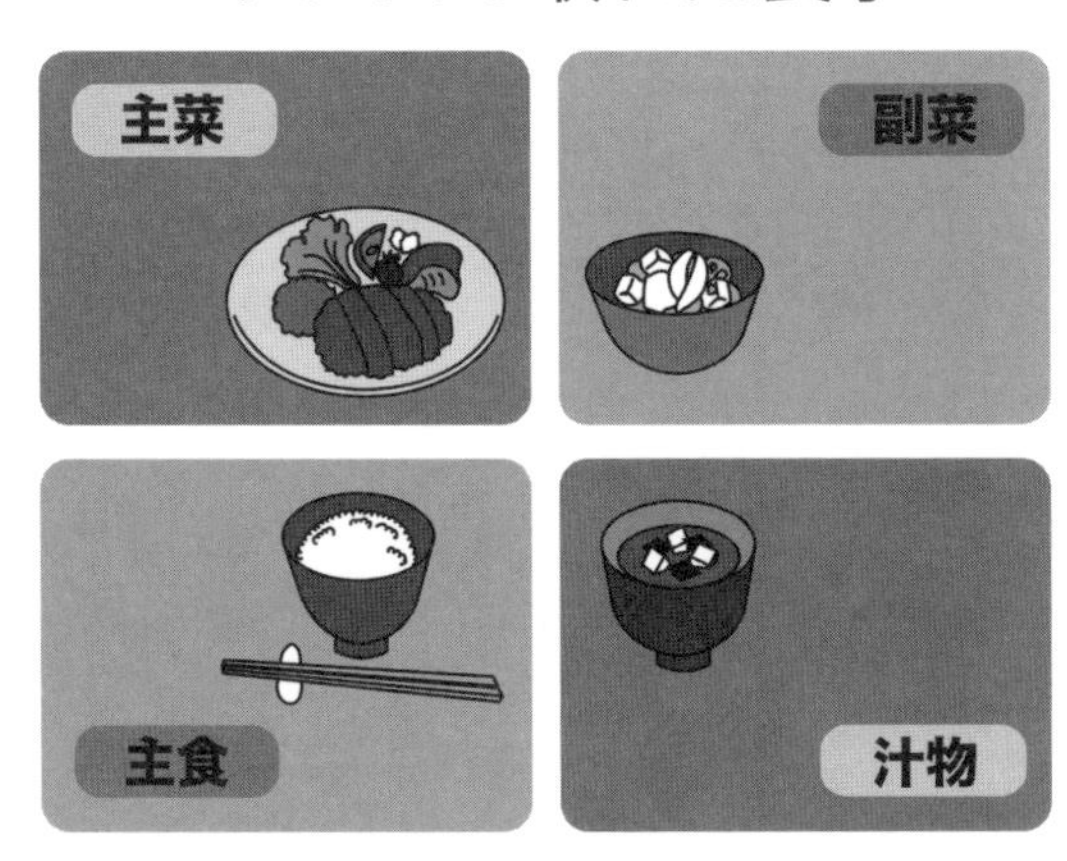

ダイエットで極端な食事制限をするよりも、バランスよく食べる方がよい

いえるのではないでしょうか。

また、忙しさや食事づくりのわずらわしさからの、食事に時間をかけないライフスタイルにも問題があります。空腹を満たすことだけを目的にした食事は、炭水化物や脂質、塩分が多くなりがちです。急いで食べると食べ過ぎになりやすいということもあります。それらは生活習慣病を招きやすい食べ方です。

栄養的なことだけでなく、食事の楽しみがないということを問題視する声もあります。親しい人々と楽しく会話しながらの食事は心身を喜ばせてくれます。そのような食事は、ストレスを解消し、幸福感を増やすことはもちろん、消化をよくしたり、食べたものがよりよく体に作用したりすることを助けるということもいわれています。

食事は栄養補給であるとともに、楽しみであるということも忘れないでください。もちろん、ひとりの食卓でも、おいしく気分よく食べて、お腹も心も満たされれば、それは十分幸せな食事です。

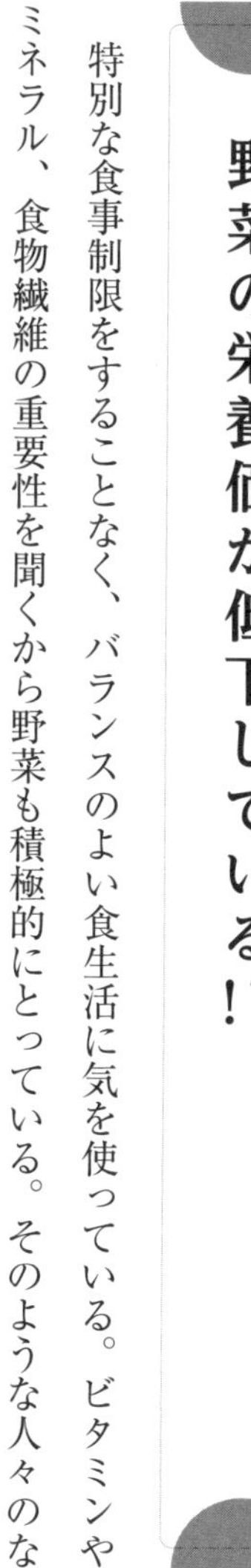

野菜の栄養価が低下している!?

特別な食事制限をすることなく、バランスのよい食生活に気を使っている。ビタミンやミネラル、食物繊維の重要性を聞くから野菜も積極的にとっている。そのような人々のなかにも、必要な栄養素が不足している人がいるという現状があります。

農林水産省が推進する「野菜を食べようプロジェクト」では、1日に350グラムを野菜の摂取量の目標としています。このような数字や、厚生労働省の指針、栄養学の一般論として示される「1日に必要な野菜の量」などは、どれもあくまで目安です。野菜といっても多種多様ですし、たとえ同じ種類の同じ量の野菜であっても、個体によって含まれている栄養素はまちまちです。

季節や育った場所、栽培方法、品種などによって、その野菜に含まれる栄養素は大きく変わります。生きものですから当然です。当然、魚も肉も卵も、すべての食材が同様です。

農林水産省推進「野菜を食べようプロジェクト」1日に必要な野菜料理の例
（野菜摂取目標量 350 g）

そこが加工品や薬などと違うところであり、例えば、ニンジン1本でビタミンAが○○グラムとれるということは本来いえません。一般に数値として示されている栄養素の含有量は、平均や目安でしかないということです。

ところで、野菜に含まれる栄養が少なくなっている可能性があるといわれています。虚弱体質の野菜が多くなってきている。本来もつべき力を備えられずに育ってしまった野菜が売り場に並ぶ、ということです。

野菜を育てる土壌の土質の低下や、栽培の仕方の問題、種自体の問題などがこの理由として挙げられます。様々な要因が絡み合っての結果ですが、土壌、水といった環境と、それらをどのように活用するかを含めた農業のあり方が、どんな野菜が育つかに大きくかかわっています。

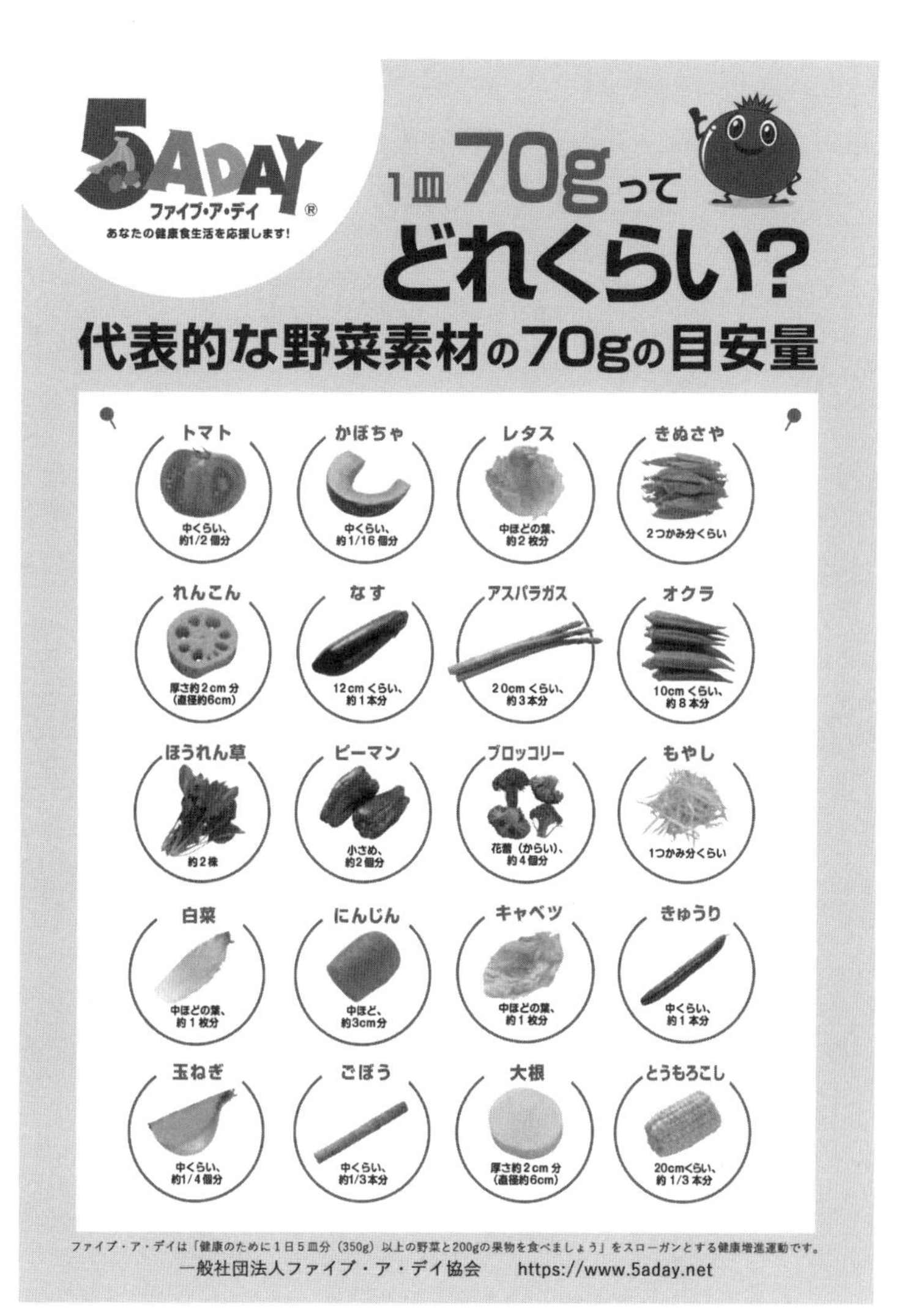

一般社団法人 ファイブ・ア・デイ協会発行「1皿70 gってどのくらい?」

同じ量の野菜を食べても、野菜そのもののパワーによって人体への影響は変わります。そのため、栄養学的に推奨される量の野菜を食べていても、推奨される量の栄養素には達していないということが起こり得ます。

自然栽培という農法の詳細は4章で述べますが、自然栽培の野菜についてのデータを見ると、その他の栽培方法による野菜のデータと比べてその特徴が大きく違っています。その違いを自然の力によるものだと私たちは捉えています。

野菜をはじめ、全ての食材にいえることは、何をどのくらい食べるかだけでは食の質は計れないということです。食べるものの質を含めた「どんなもの」を、どのくらい、どんなふうに食べるかが重要です。

変わり続ける日本の食文化

2013年に「和食：日本人の伝統的な食文化」がユネスコ無形文化遺産に登録されました。そこでは、和食を、「自然の尊重」という日本人の精神を体現した食に関する「社会的慣習」としています。

農林水産省のウェブサイトには、そんな和食について「多様で新鮮な食材とその持ち味

「和食」の4つの特徴

(1) 多様で新鮮な食材とその持ち味の尊重

日本の国土は南北に長く、海、山、里と表情豊かな自然が広がっているため、各地で地域に根差した多様な食材が用いられています。また、素材の味わいを活かす調理技術・調理道具が発達しています。

(2) 健康的な食生活を支える栄養バランス

一汁三菜を基本とする日本の食事スタイルは理想的な栄養バランスと言われています。また、「うま味」を上手に使うことによって動物性油脂の少ない食生活を実現しており、日本人の長寿や肥満防止に役立っています。

(3) 自然の美しさや季節の移ろいの表現

食事の場で、自然の美しさや四季の移ろいを表現することも特徴のひとつです。季節の花や葉などで料理を飾りつけたり、季節に合った調度品や器を利用したりして、季節感を楽しみます。

(4) 正月などの年中行事との密接な関わり

日本の食文化は、年中行事と密接に関わって育まれてきました。自然の恵みである「食」を分け合い、食の時間を共にすることで、家族や地域の絆を深めてきました。

の尊重」、「健康的な食生活を支える栄養バランス」、「自然の美しさや季節の移ろいの表現」、「正月などの年間行事との密接な関わり」の4つの特徴が挙げられています。さらに、和食は、米、魚、野菜や山菜といった地域でとれる様々な自然食材を用いるほか、出汁のうま味を活用することにより、動物性油脂の少ない食生活を実現しているということが記されています。

ユネスコへの登録は、以前からヘルシーな食文化として世界で注目されていた和食に、おすみつきが与えられた形となりました。

しかし、日本人が古くから自然に行ってきた和食の文化は、現代の日本において、誰もが当たり前に守っているものではなくなっているのかもしれません。

例えば、無形文化遺産への登録で特徴の一

つとして挙げられた、地域でとれる自然食材を用いるという点だけをみても、現状はそれとは対照的に全国で同じような食材が売られています。旬に関係なく、いつでも買える野菜が少なくありません。

インスタントやレトルトなどの食品も同様に、技術が発達したことによって、手軽につくれて一定の味わいが保証されたものが、いつでもどこでも手に入るようになりました。これらの食品を多くの人が利用しているのは、メリットがあるからです。便利さや、管理された栄養補給などは、それを必要とする人、それによって助かる人が多いものです。

その一方、画一的な食や工業生産的な食は、日本人の精神とされた「自然の尊重」や、和食の美点とされた健康的な食生活という面からは離れてしまいがちです。

地産地消は、本来意識するものではなく、当然のものでした。旬も同じです。和食の特徴であり、現代において尊重すべき食のスタイルは、かつては当たり前のものでした。

そういった食文化によって育まれてきた日本人の心身や文化は、食の変化によって少しずつ変化しました。その中で、失われていったものも多くあるかもしれません。

何を食べるかはどう生きるかにつながります。何が正しくて何が間違っているということではありません。よい変化は歓迎し、守るべきものは守る。そういった意識で「食」と付き合っていくことが必要だと考えます。

多様化する食のスタイル

食のあり方とともに、個人の食のスタイルが変化しています。とくに、現代における食のスタイルは驚くほど多様化しています。戦後の日本は、ライフスタイルの変化とともに食のスタイルも劇的な変化を遂げてきました。社会が豊かになることにより、健康的な食生活をだれもが手に入れられる条件が整ったともいえます。

変化にはいろいろなこと、いろいろな面があります。前述のような、季節や場所を問わずさまざまなものが揃うといった食材供給の変化、調理の変化、外食や個食といった食事のスタイルから、加工食品、インスタント食品の増加という食品の変化もあります。

近年では、ベジタリアンやヴィーガン、マクロビオティック、フレキシタリアン（植物性食品を基本として、肉や魚も食べる）といった食のスタイルや食に対する思想、ハラルフードなどの宗教的な戒律もあります。ファスティングや1日1食といった従来とは違う食べ方をとりいれる人もいます。

今までの食べ方を見直したり、ライフスタイルの条件から食生活が決まったりと、変化にはそれぞれの理由があります。どれがよくてどれが悪いというものではありません。多様化によって、よりよいスタイルを選択できる可能性が広がってきたということです。

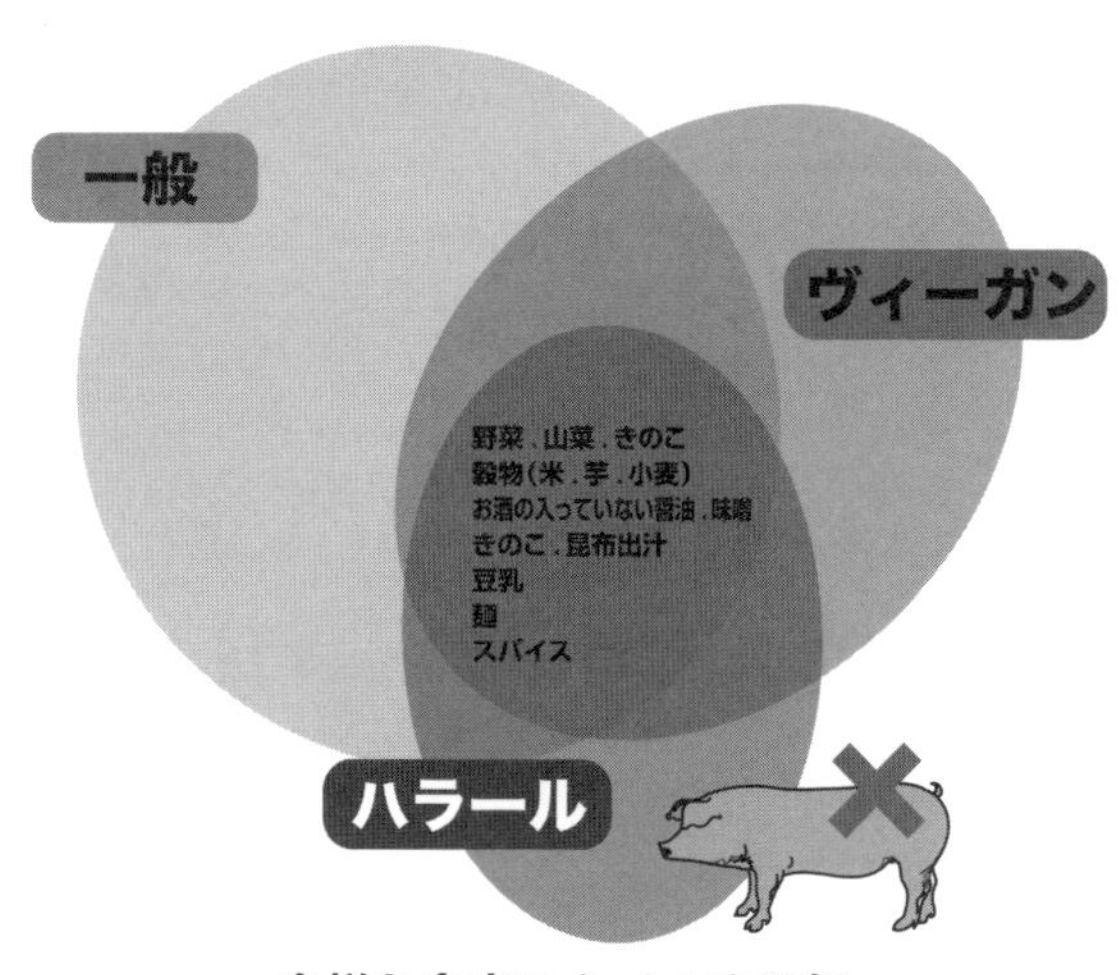

多様な食事スタイルや思想

ただし、いずれのスタイルにも共通することは、食生活は、人の心身、そして生き方の基本となるものだということです。食事や食べ方が変われば、人が変わり、文化や社会も変わっていきます。

新鮮で多様な食材、その持ち味を尊重する調理法、それらがもたらす健康的な食生活。それらはまさに本来の日本の食文化の持ち味といえます。そんな、世界に認められた日本の伝統的な「食」のすばらしさを学びつつ、自分に合った食のスタイルをとりいれていくことが大切ではないでしょうか。

食品添加物の考え方

安全な食生活、自然に近い食生活を考えるときに、大きな要素となるのが食品添加物の問題です。現代の一般的な食生活のなかで、食品添加物をとらないというのはとても難しいことです。できるだけ摂取量を減らすよう気を付けるというのが現実的なアクションです。

食品添加物＝悪と考えていると、現代の食生活はネガティブなものになりかねません。健康に害を及ぼすとされる食品添加物もありますが、一概に全てが悪いものというわけでもありません。正しい知識を得て、避けるべきものは避け、取り入れるものは取り入れるという取捨選択ができる力を身につけることが大切です。

食品添加物は、食べものの製造過程で、または食品の加工や保存の目的で添加される物質の総称です。大豆を豆腐にするためのにがりや、芋からコンニャクをつくるための消石灰も広義では食品添加物になります。そういった意味では、食品添加物の中には、日本の伝統食に欠かせないものもあるという見方ができます。

食品添加物をなぜ使うのか。そこには主に4つの理由があるとされます。

一つ目は、安全性を保つために添加するものです。食中毒の危険をなくしたり、酸化による変色を防いだりする働きをします。保存料や酸化防止剤がこれにあたります。

二つ目は、味や香りを高めるために添加するものです。着色料や香料、甘味料といったものです。また似たもので食感や風味を生み出すというものもあります。麺類のかんすいなどです。

三つ目は栄養を満たしたり高めたりするために添加するものです。ビタミン、ミネラル、アミノ酸などです。

最後に、食品の製造や加工に必要なために添加するものです。先に述べたにがりや消石灰がこれにあたります。

こういった働きをもって、食品添加物には食を豊かにするメリットがあるという意見があります。逆に、デメリットは、もちろん、量やものによって健康被害の危険があるということです。実際、食品添加物の影響が大きいと考えられるアレルギーや疾患、症状も報告されています。

食品添加物には、色や風味、味を調整することで売れやすくする目的のものや、腐りにくくすることでできるだけ長く在庫として保持できるようにする目的のものなどがあります。健康目的で添加するというよりは販売や流通側のニーズに沿うという目的で添加するものが多いので、健康被害のリスクとのトレードオフ（相反する面）が生じてしまうのも当然なのかもしれません。

食品添加物

添加物が使用される目的

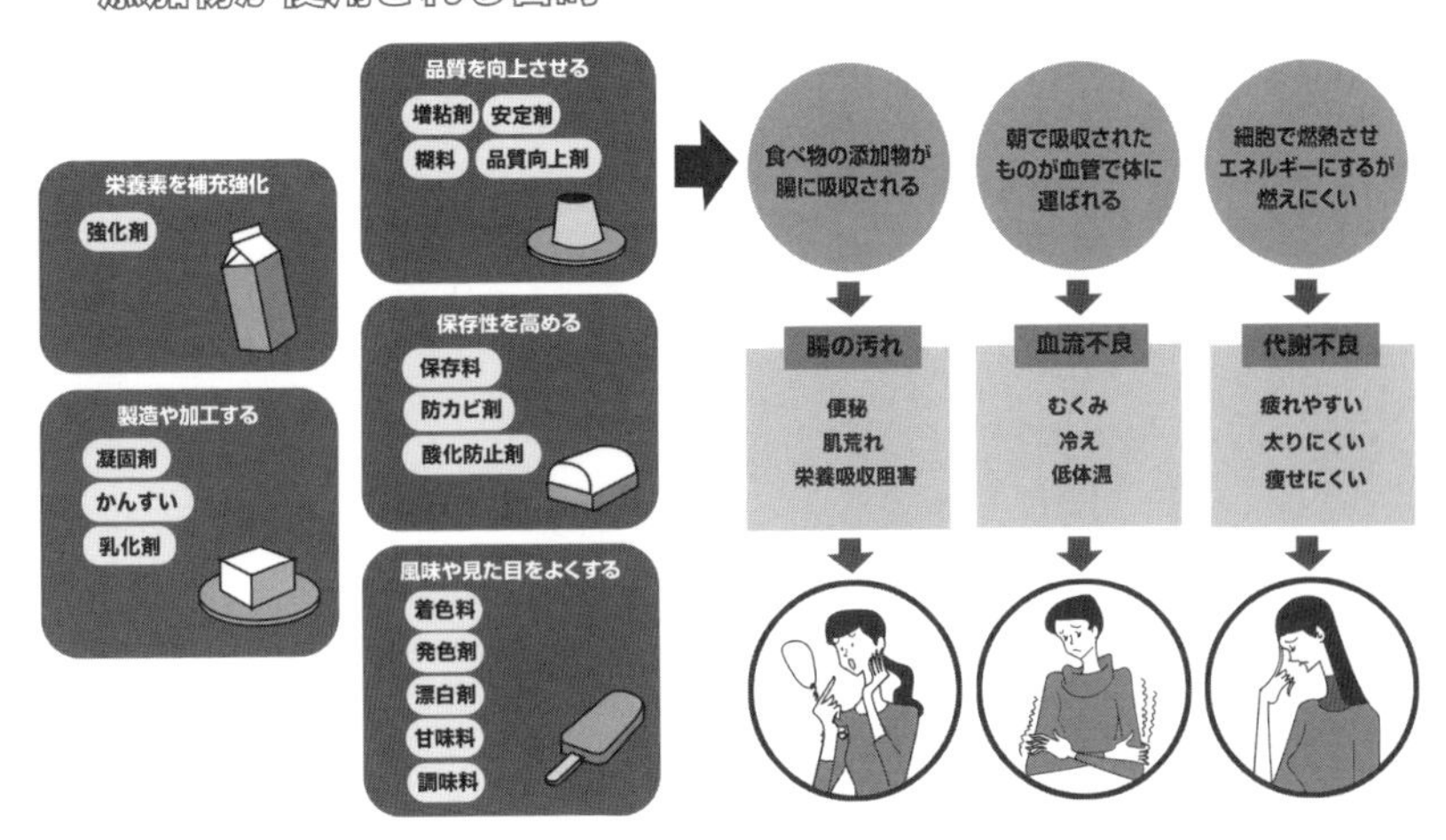

食品の製造や加工のために使用される食品添加物の効果と、心身への影響

厚生労働省が定める食品添加物1日あたりの摂取量をADI（1日摂取許容量）といいます。これは人が一生食べ続けても健康に問題がないと認められた量とされています。

とはいえ、その量を一生食べ続けるという調査がされたことはありませんし、何をもって健康の問題というのかも不明瞭です。さらに、1日摂取許容量は、その物質を単体で摂取した量のデータでしかありません。

私たちは1回の食事のなかだけでも、複数の食品添加物をとっているのが普通です。調味料を含めれば、市販のものを使うかぎり、ほぼすべての食べものに添加物が含まれているのが現状です。ひとつずつは少量でも、複合されたときにどのような影響があるか、その公式なデータは発表されていません。

日本は海外よりも食品添加物の基準が甘いのではないか。認可されている添加物の数が多いのではないかといわれることがあります。これについて、実際のところはどうなのでしょうか。

厚生労働省は、２０２1年1月15日現在、日本の食品添加物の数は８２９品目（香料含む）と回答しています。一方、アメリカでは、２０１３年時点で約１６００品目程度（香料を除く）と考える、としています。

これらを単純に比較すると、日本の食品添加物の種類はかなり少ないように見えます。しかし、アメリカの品目の中には、果汁や茶など、日本では添加物に含まれないものや、日本で1品目と計上されているものが物質ごとに指定されて数十品目となっているものが含まれます。

この例のように国ごとに品目数のカウント基準が違うので、単純に比較して日本の食品添加物が少ないまたは多いということはできません。実際、数を比較することにはあまり意味がなく、どの食品添加物が認可されているかということが重要です。

例えば、「赤色2号」という合成着色料です。アメリカでは、ラットを使った実験で「発癌性の疑いが強い」との判定がされ使用が禁止されたのですが、日本ではこの実験に不備があるとして使用を認めています。

その他の着色料や防カビ材、合成甘味料をはじめ、中には、催奇形性（胎児に障害をもたらす毒性）が確認されたり、腎臓や肝臓などの臓器に障害をもたらしたり、血液に異常を引き起こしたりするなどの強い毒性が動物実験で確認されたにも関わらず、日本で使用が認められているものもあります。現在一般的に流通している食品に含まれる食品添加物の多くは、摂取によってすぐに健康に深刻な影響を与えることはないとされています。しかし、多種多様な添加物を摂取することの影響は未知数であり、それらを長期間摂取した場合の影響はさらに未知数といえます。

食品添加物には自然のものではないものが多く含まれています。自然ではないものを排除したいと思っても、現代社会で食品添加物を排除した食生活を送ることは事実上不可能です。

過剰に食品添加物を恐れては食生活が困難になります。だからといって、危険な食品添加物は摂取したくないものです。だからこそ、正しい知識を身につけ、自分や家族にとってよりよい食を自分の力で選択できるようになることが大切といえます。

めざすのはハイブリッドな食卓

自然にそった生活、農法、食。それらが尊ばれるのは現代だからだともいえます。かつて、それが当たり前だったときには「これがいい」と思っている人はいなかったはずです。しかし、すべて昔がいいというわけではありません。昔のまま、自然のままの生活では成しえなかった様々な物事のおかげで、豊かになった面、便利になった面、健康的にも文化的にも進歩した面が多々あるからです。

よりよい食生活、よりよい生き方をめざそうというのも、現代の豊かになった生活で衣食住が十分だからこそ考えられることです。昔のままの農業であれば、現代の人口を支えることは不可能ですし、そうなれば、今のような社会、生活は実現していなかったことになります。

全てのことに、メリットもデメリットもあり、それは時代やライフスタイルによって入れ替わるものです。だからこそ多様性が重要です。多様性がなければ、何かあったときに一気に物事がマイナス面ばかりになったり、いきなりすべてが淘汰されてしまったりする可能性があります。

農業や食も同じです。互いのスタイルを尊重することで多様性を守りながら、それぞれの良い面を学んで取り入れることが、全体としてよりよい方向へと持続的に進んでいく方法でしょう。

世界が認めるとおり、日本の伝統的な食文化には良いところがたくさんあります。けれど、現代にそのままもってこようとすれば難しいことも多々あります。ムリに守ろうとすれば周囲との歪みや、ストレスを生むこともあるでしょう。

そして、新技術や新しい知見によって、昔よりもさらに良いものやよりよい手法がたくさん生まれています。それを「伝統と違っている」「科学的で信用できない」と排除するのは賢明ではありません。例えば現代の自然栽培にも、科学と技術の発達によって実現できていることがあり、それ自体が自然に反することではありません。

昔の良いところを活かし、自然や伝統に学び、現代の技術をとりいれることで、それらをよりよく活用する。そうしたハイブリットな食やライフスタイルこそが、自然に沿ったあり方です。人々はいつの時代もそうやって進化し、よりよい社会をめざして、今を築いてきたのです。

食のSDGsとは？

2015年に150を超える加盟国首脳が参加した国連サミットにおいて、全会一致で採択されたSDGsは、「持続可能な開発のための2030アジェンダ」に掲げられた「持続可能な開発目標」を指します。

貧困や飢餓、環境問題、経済問題、ジェンダーの捉え方など、地球に存在する広範な課題を網羅し、豊かさを追求しながら地球環境を守ること、人々が人間らしく暮らしていくための社会的基盤を2030年までに達成することを目標としています。

具体的には経済、社会、環境の3つの側面のバランスがとれた社会をめざす世界共通の目標として、17のゴールと169の達成基準で構成されています。

このなかには食や農業に関連することが多く含まれています。人々の営みが食抜きでは成り立たないことを考えれば当然でしょう。

同時に、持続可能な開発を考えるとき、農業が環境に与える影響の大きさにも注目しなければなりません。農業は植物を育てる営みなので、環境に優しい産業というイメージがあるかもしれませんが、実際には、農地の開拓のために森林を伐採する、温室効果ガスを大量に排出する、水を大量に消費するなど環境に負荷を与える問題を孕んでいます。

ＳＤＧｓ持続可能な17の開発目標

しかし、その一方で、温室効果ガスの排出量を減らすだけでなく、さらに吸収させて全体でプラスマイナスゼロにするカーボンニュートラルを達成するために、植物を育てる農業においてできることもたくさんあるはずです。

植物を育てて二酸化炭素の吸収に貢献する面をもちながら、温室効果ガスを排出するという農業の現実を認識したうえで、温室効果ガス排出のプラスマイナスをできるだけゼロへ、さらにはマイナスにする農業の実現を目指したいと考えます。

ＳＤＧｓに話を戻すと、目標２の「飢餓をゼロに」は直接的に食にかかわる目標です。

日本で飢餓を直接的な原因として命が失われるのは特別なことでしょう。けれど、世界的に見れば今も多くの人々が、極度の貧困にあえぎ、飢餓に苦しんでいます。しかし、飢えにあえぐ人々がいる一方で、生産された食糧の3分の1もが廃棄されているというデータもあります。

２０５０年までに世界の人口は１００億に達すると予測されています。それだけの人々が健康的な生活を送るための食糧の確保という課題に、世界はすでに直面しています。

土壌劣化、生物多様性の減少、頻発する大規模な自然災害なども、食糧の確保に深刻な影を落としています。そのような状況下で、小規模農家の生産性と所得の向上、食糧の生産から流通、消費までの一連の流れの整備など、なすべきことが山積しています。

また、環境負荷の大きな食糧生産の見直しも大きな課題です。「海の豊かさを守ろう」という目標14は、陸にあるものが海に流れ出て海の環境に影響するという意味で、農業が大きく関わっています。

「気候変動に具体的な対策を」という目標13にも、肥料から温室効果ガスが発生するという点で農業が大きく関わっています。飢餓をなくすために生産量を確保しつつも、環境に負荷をかけない生産方法が求められるところです。

環境保全に関連する経済活動の取り組みとして、ＥＳＧ投資が広まってきています。財務だけでなく環境、社会、ガバナンスの要素を考慮した投資として、サステナビリティを評価することで、長期的な環境リスクマネジメントや、企業の新たな価値を評価しようというものです。このＥＳＧ投資で世界の機関投資家が重視する8つのテーマに、農業も含まれています。

世界的な潮流として、環境問題への真摯な取り組みはもちろん、食に対する意識改革も進みつつあります。食を考えることは、生きることすべて、地球の営みすべてに関連するということです。私たちの体内の生命の鎖のように、地球や宇宙を含めたすべてが鎖のように結びついて、互いに影響しながら存在するのです。

よりよい食を実現するために

よりよい食のあり方とはどういったものか。その答えは一つではありません。そのなかで確かなことは、一人ひとりの意識と食の選択が、自分自身を、社会を、未来を変えていくことにつながるということです。

現在の自分の食を見直し、問題があれば解決策を学び、考え、取り入れる。特に問題がなければ、よりよい食を目指す。そうして、私たち一人一人が、食を支える食材や、それを生み出す農業、環境へと目を向けていくことができたら、未来は豊かにポジティブに広がっていくのではないでしょうか。

第2章

「食」は健康の基盤

著：井上正康（医師）

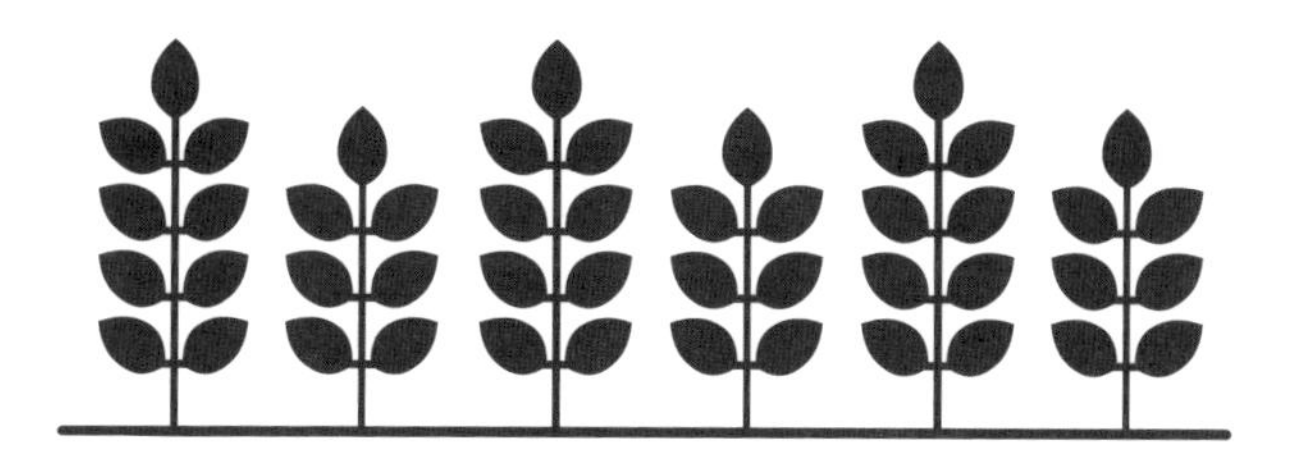

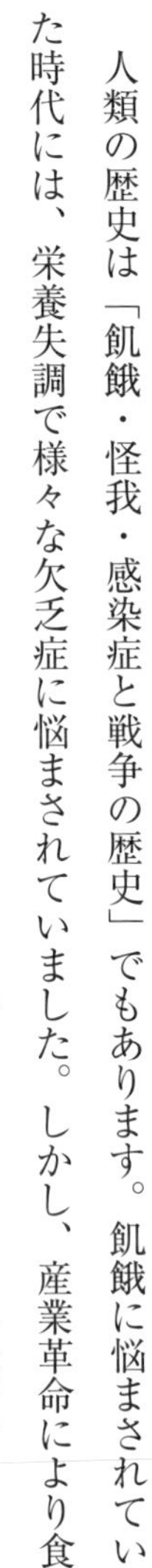

現代の食源病

人類の歴史は「飢餓・怪我・感染症と戦争の歴史」でもあります。飢餓に悩まされていた時代には、栄養失調で様々な欠乏症に悩まされていました。しかし、産業革命により食糧獲得技術が飛躍的に進歩し、餓死や欠乏症のリスクは少なくなってきました。古くより「医食同源」と言われる様に、人の健康は食により大きく影響されます。飢餓の心配が亡くなった現代でも、日々の食が原因となる病気は絶える事はありません。特に、現代の飽食社会では日々の食習慣が原因となる病気も増えています。そのような病気や症状を総称して「食源病」と呼びます。食習慣が原因であれば、その様な習慣を改めれば良いとのことで、食事により食源病を予防する動きも活発化しています。

食源病と考えられる原因や症状は多岐にわたります。病気や体調不良は食事だけが原因ではなく、さまざまな要因が関与しています。なかでも食習慣の影響が大きいものとして、肥満、高血圧、アレルギー、癌などの生活習慣病が挙げられます。

特に、年々深刻化している病気としてアレルギー疾患が挙げられます。今日では日本国民の3分の2はなんらかのアレルギー症状を抱えています。欧米先進国でもおおむね似たような状況であり、アレルギー疾患は世界的問題となっています。

アレルギーという言葉を聞けば、様々な種類が思い浮かぶことと思います。ここでアレルギーの定義について述べておきます。

アレルギーの語源はギリシャ語で「普通とは異なる、変化した反応性」という意味の言葉です。厚生労働省の定義では、アレルギーとは「広義における免疫反応に基づく全身的または局所的な病態」とされています。大別すると、体内の抗体によって誘起される液性免疫反応に基づく病態とリンパ球の細胞性免疫反応に起因するアレルギーに分かれます。

私たちの身体には免疫システムがあり、体内に異物や病原体が侵入してきたときにはこのシステムが稼働してこれらを排除しようとします。ヒトの食料は全て異種の生物ですが、食料としての問題になるのは、主に細菌、ウィルス、化学物質、病的反応を起こす食品成分などです。免疫システムの異常により、本来なら異物や有害でないものに対しても過剰反応することがあります。その結果現れる症状がアレルギー反応です。

アレルギーの原因となる異物を抗原（アレルゲン）と呼び、抗原に対応する生体防御因子の一つが抗体です。生体異物が体内に侵入すると免疫反応が活性化され、その過程で様々な生体防御因子が産生されます。この生体防御因子が体内で炎症反応（本来は生体の防御反応）を引き起こし、腫れやかゆみ、熱や赤み、かぶれなどの症状を招きます。

現代のアレルギーの原因には、花粉や化学物質、ナッツやそばなどの食材などもあります。

アレルギー反応要因となる食品アレルギー表示義務７品目

そもそも人間にとってはすべての食糧が異種生命体です。異種生物である食物にいちいち免疫反応を起こしていては安全に食べられるものがなくなり餓死してしまいます。そのために、口から入ってくる食物（異種生物）の大半を抗原と認識しない様に進化してきました。

外来物に対する人体の免疫システムは、消化器官で約7割、外界に接している皮膚で約3割が制御されています。体内の消化管、肝臓、脾臓、リンパ節などで必要な栄養素と有害な異物を振り分け、選択的に取り込んだり排除したり、巧みに処理しています。

それがうまく機能しなくなるアレルギー疾患をもつ人は、過去半世紀の間に急増しました。一方、古くからの伝統的なライフスタイルを維持しているアメリカのアーミッシュなどのコミュニティにはアレルギー疾患はほとんどないことがわかっています。

食生活をはじめとする生活習慣の急激な変化がアレルギー疾患急増の主因と考えられているのはそのためです。

日本の住環境を例にとれば、戦前までは風通しのよさが特徴でした。小さく区切られた部屋も、窓とふすまを開け放せば全体に風が通るようにつくられていました。これは高温多湿の日本の気候に合わせて、先人が受け継いできた住まいの構造であり、ライフスタイルでした。

戦後になり密閉型の住宅が主流になると、室内の環境が大きく変わりました。それにともない室内における微生物の生態系も大きく変わりました。室内の微生物の生態系が変わることで、私たちの体内にすむ微生物や細菌の状態も大きな影響を受けています。この為に、長い年月をかけて培い受け継がれてきた体内の免疫システムが有効に制御できなくなり、現代病と呼ばれるシックハウス症候群などのアレルギー被害が発生する様になりました。この様な住環境の変化や食環境もアレルギー疾患と深く関係しています。家の中の小さな世界を見ても、食や環境は健康と深く結びついています。

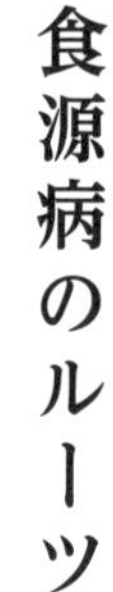

食源病のルーツ

食源病の話としてよく例で挙げられるのが「江戸わずらい」です。伝統的な日本の米食文化の大きな要素のひとつが「白米食に関わる食原病」として知られています。

かつて白米食は特権階級だけのものであり、江戸時代初めまで庶民の食事は玄米食または米の表面に傷をつけた一分づき程度の米でした。その後、徳川5代将軍綱吉の時代に中国から伝来した土臼によって精米技術が進歩し、その美味しさから白米食が広がりました。

それが1700年前後のことですが、そこで大流行したのが「江戸わずらい」と呼ばれる新たな奇病でした。原因も治療法もわからないまま多くの死者が出たため、当時の人々にとっては大きな恐怖だったことが想像できます。

その原因は米の胚芽部分に含まれるビタミンB1の欠乏でした。ビタミンB1欠乏では末梢神経や中枢神経が冒され、足元などがおぼつかなくなり、重症化すると心不全などで死に至ります。明治期には「脚気」という病名がつけられ、戦時中には国民病といわれるほど大きな被害が続きました。

農林水産省　江戸時代の食生活～「江戸わずらい」の発生

このことから分かるのは、江戸中期までのように食糧が乏しく、おかずも少なかった時代であっても、自然の恵みを食べている間は健康が保たれていたのに、作物（米）を加工（精米）したことによって大きな健康被害が出たということです。

江戸わずらいは、自然の食べものは食材を丸ごと使う「一物全体食」が基本であることを教えてくれます。米を丸ごと食べる玄米食から米の表面を削った白米食にした結果、不具合が生じたのです。

食物もバランスを欠けば病気につながります。それが食源病のシンプルなルールです。この食物のバランスを考える上で、次の4つの要素が大切です。食材、調理法、食べる量、食べ方（時間や頻度など）です。

「食べ方」については、サーカディアン

リズム（日内リズム）との関係が大切です。私たちの身体は、1日を大きく3つに分けて代謝特性を変えています。日内リズムでは、朝4時から正午までは排出の時間、正午から夜の8時までは消化の時間、夜の8時から朝の4時までは吸収や代謝の時間です。そのため朝は便通が起きやすくなり、夜に食べると太りやすくなります。

「食材」、つまり体に何を取り入れるかという点においては、アルコールの例が挙げられます。アルコールを摂取すると食べるもののバランスが崩れやすくなります。

アルコールを摂取すると、その解毒代謝にグルコースが使われるので血糖値が下がり、血糖値を上げるでんぷん質が欲しくなります。お酒を飲んだあとにシメの麺やご飯が欲しくなり、普段よりもそれらを美味しいと感じるのはそのためです。アルコールを摂取することで糖質が必要になりますが、その美味しさ故に過剰摂取につながり、肥満という食源病を誘発します。身体が要求して欲しく感じるのはその様な理由があるのです。

体は食べたものからできている

人は生きるために必要な栄養素を他の生物（食物）から取り入れなければなりません。食と健康が密接に結びついていることは疑いようのない事実であり、かって栄養学は医学の重要な基板でした。しかし、他の生命科学分野が大きく発達したために、医学の主流からハズレ、あたかも分野の異なる学問として扱われる様になりました。

昔は日本の医学部でまがりなりにも栄養学を教えていました。しかし、科学知識の爆発的増加に伴い、その様な講義時間が激減し、今ではほとんど教えられていません。その為に大半の医師は栄養学は素人同然なのです。医師は「正しい食習慣が大切！」とアドバイスはしますが、指摘できるのはビタミンやミネラルなどの必須成分の適正濃度ぐらいです。正しい食習慣の指導は栄養学の専門家に任せているのが現状です。

アメリカの生化学者、ロジャー・J・ウィリアムズ博士の「あなたは、あなたが食べたものそのものです。You are what you eat.」という名言があります。それは、私たちの全ての細胞や臓器が食事からとった栄養素で構成されていることを意味します。体の状態を決める要素は食だけではありませんが、身体を構成する栄養素は全て食事に由来します。

また、フランスの法律家で政治家でもあり、美食家としても知られたジャン・アンテルム・ブリア＝サヴァランは「あなたが食べているものを教えてくれれば、あなたがどんな人間であるか当ててみせよう」という意味の言葉を残しています。これらの言葉は、食がいかに私たちの心身に影響を与えるかを説いたものです。

とはいえ、健康か否か、またはどんな病気かなどは、トータルに判断して診断されるものです。栄養学を体系的に学んでいる医師は少ないこともあり、患者を診ただけで全体の症状や不足した栄養素がわかる医師はなかなかいないでしょう。

しかし、患者さんを検査して診断すれば、それらの情報から「ビタミンが足りない」「亜鉛をとったほうが良い」というようなことがわかってきます。栄養の不足や偏りによって起きる病気や症状に関しては医師が専門家です。

身体のすべてが食べたものでできているのであれば、まずは良いものを適量、バランスよく、適切な時に食べることが健康な体をつくる基本です。そのうえで、運動や休息、心の状態を良好にすることなどでトータルに健康を維持できるのです。

実年齢と健康年齢の関係

〝カレンダーエイジと呼ばれる実年齢〟は、必ず誰にでも平等に刻まれていきます。これに対して、〝見た目年齢〟というものがあります。これに関しては、〝若く見られるとうれしい〟とか、逆に〝年齢よりも落ち着きや貫禄がある年上のように見られたい〟など、いろいろな意見があります。

〝健康年齢〟という言葉も知られています。これは健康状態をわかりやすく理解するための指標として、健康診断の結果などをもとに統計学的に判断されたものです。例えば、「肺活量は○歳相当」というように、様々な指標を測定することにより表現されることもあります。これは普段の健康診断で測定されるＢＭＩ、血圧、血液の状態など、いくつものデータを組み合わせて算出されます。

〝見た目年齢〟と異なり、一般的に健康年齢は若いほどよいと考えられています。男性は40代半ば、女性は50代前半から生活習慣病を中心とした疾病リスクが高まるなかで、健康年齢を目安として自身の状態を正しく理解することが推奨されています。

厚生労働省が提供する健康情報サイトによれば、平均寿命とは0歳における平均余命で、健康寿命とは「健康上の問題で日常生活が制限されることなく生活できる期間」のことを意味します。社会保障制度を持続可能なものとするためには、平均寿命の伸びを上回る健康寿命の増加を実現することが必要だと考えられています。

世界でも有数の長寿国として知られる日本人の平均寿命は大戦後に伸び続け、２０１９年には女性87・45歳、男性81・41歳となりました。２０４０年の推計では、女性89・45歳、男性83・27歳と、緩やかな伸びが止まらないことが推測されています。

平均寿命と健康寿命を対比してみると、２０１６年のデータで男性の平均寿命80・98歳に対し、健康寿命は72・14歳。女性の平均寿命が87・14歳に対し、健康寿命は74・79歳です。男性では両者に8・84年、女性では12・35年の差があり、この差は２００１年の時点

平均寿命と健康寿命の推移

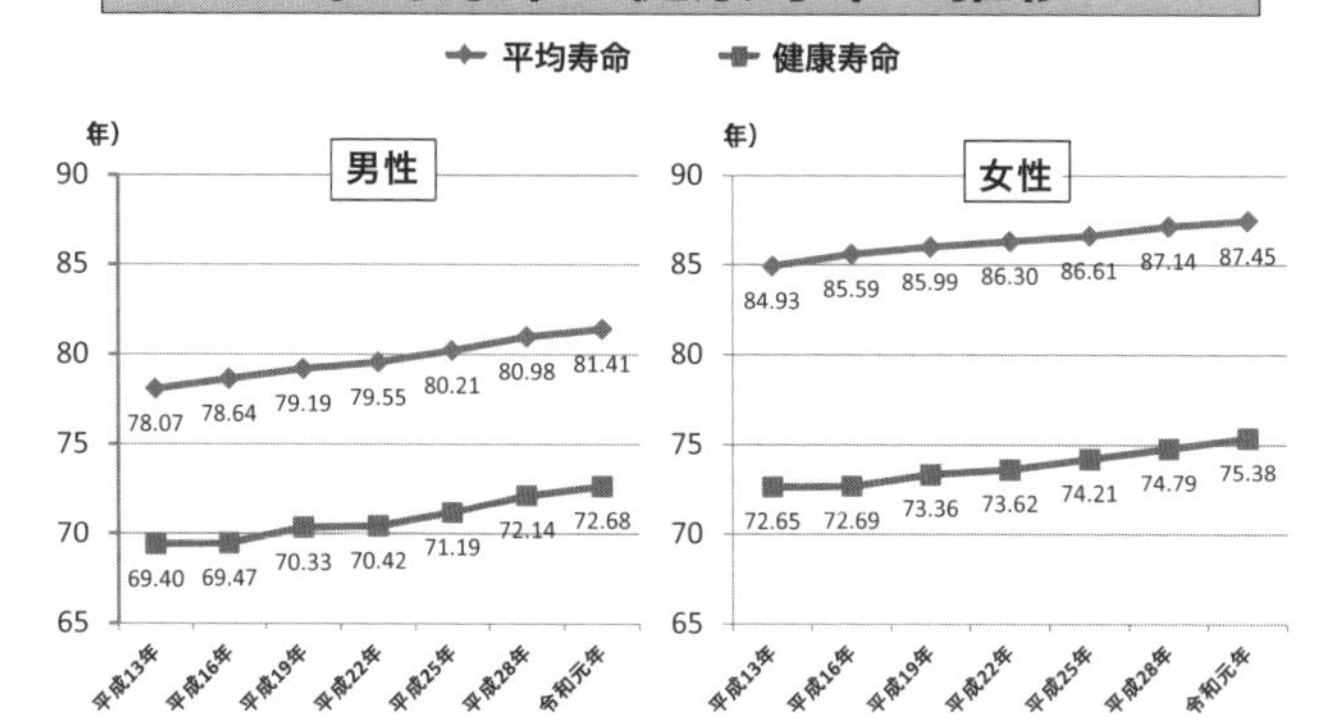

【資料】平均寿命：平成13・16・19・25・28・令和元年は、厚生労働省「簡易生命表」、平成22年は「完全生命表」

厚生労働省　日本の平均寿命と健康寿命の推移グラフ

と比べて縮小していません。特に女性ではこの差が拡大する傾向が見られます。

この差は不健康な状態で生きる期間の長さを意味します。平均寿命がいくら伸びても、健康寿命がそれ以上伸びなければ、人生における不健康な期間が減ることはありません。

そして平均寿命の増加には医療の進歩も関与しますが、健康寿命に大きく関わるのは食生活です。健康を支えるのは、心身を含めたトータルで良い生活習慣であることは間違いありません。食源病をはじめ、日々の食事が健康を左右する上で非常に重要であることは間違いありません。

体型も見た目年齢も食が左右する

人間の身体は20歳くらいまでは同様に成長していきます。しかし、そこから先の老化という現象では個体差が非常に大きくなります。老化は生まれた瞬間からはじまるという考え方もありますが、20歳までは成長と呼べる変化が主体と考えられています。

健康年齢を若く保ちながら健康寿命を伸ばす基本は、老化速度を遅らせることです。そのためには適切に食べて動く事が大切です。それには身体に適した正しい食生活を送り、「動くもの」である動物として適度に運動することです。

体型、見た目年齢、健康年齢も「食べる事」と「動く事」がセットになって影響します。バランスの良い食事とそれを生かす為の良好な腸内環境、体内でのビタミン、アミノ酸、タンパク質の代謝も含めた食のバックアップが担保されているか否か、そして体を適切に動かしているか否かなど、様々な要素が関与しています。

これらが体型や見た目年齢を決める重要なポイントであり、健康状態も左右する要素です。私は健康長寿の秘訣が「握力・顎力・歩行力」の3力であることを提唱しています。この3力を活発に機能させ続けることにより脳の9割以上が活性化されます。

この3力の筋肉を動かすと脳の90%の神経細胞が働いてエネルギーを消費するので、脳

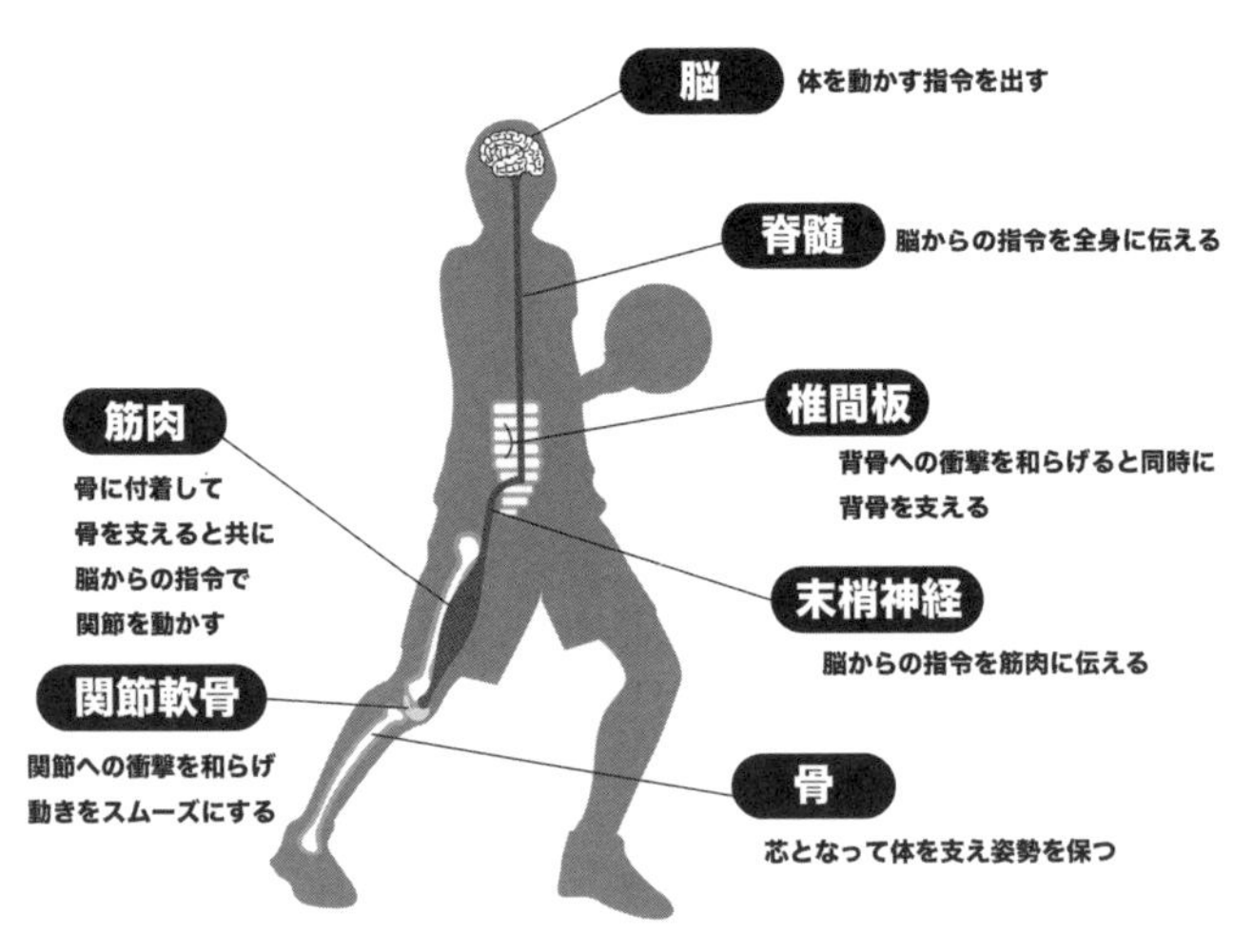

身体を動かす時の脳と身体の相関関係図

の酸素供給が必要になります。この為に脳の神経支配領域の血管が拡張して脳血流が増加し、神経細胞に酸素と栄養が補給されます。それにより脳が身体を動かし続けることができます。この様に身体を動かすことによって脳の血管をやわらかく維持することができ、動脈硬化のリスクが低下して脳卒中や認知症を予防できます。

女性の平均寿命が男性に比べて約7年長いことには様々な要因が関与しています。複数の要因が協働して平均寿命を伸ばしているわけです。よくおしゃべりをすることが長寿の秘訣であり、これが女性が男性より長生きする理由の一つです。食べたり喋るときには顎を使いますし、目まぐるしく変わる話題についていけるのは、脳が良く働いているからです。

動物性食品と植物性食品の健康効果

食源病という考え方や、その存在が明らかになっていくとともに、先進国を中心として予防医学や食事療法などが注目されるようになりました。生活習慣病や病気と食の関係について、史上最大規模の調査研究として知られているのが「マクガバンレポート」です。

1977年、アメリカで当時のフォード大統領により設けられた特別委員会の調査によってまとめられたもので、委員長のジョージ・マクガバン上院議員の名前からマクガバンレポートと呼ばれています。

このレポートでは、「現代病は衛生環境を整えたり病原菌を根絶することでは解決できず、主な死因であるガン、心臓病、糖尿病などは食習慣と密接に結びついている」と考えられています。特に、食習慣と病気の関係については高脂肪・高カロリーの動物性タンパク質に偏った食事を問題視しています。

動物性食物に偏りすぎる食生活の弊害として、未消化物を残しやすいという点が挙げられます。未消化物が腸内に残ることは健康維持の妨げとなります。菜食を中心にして食物繊維を補給すれば、フローラによる腸内環境も改善されます。野菜を多く食べることは、栄養補給と同時に体内での未消化物の残留を防ぐというメリットがあります。

ただし、極端に菜食に偏った食生活もバランスを欠くことから疑問視されています。肉食を避けると脂とタンパク質が不足し、栄養分としてのバランスが欠ける可能性があります。

一方、動物性タンパク質の過剰摂取はガンを引き起こす要因になるとする研究結果もあります。これは栄養学分野のアインシュタインと称されるT・コリン・キャンベル博士が40年以上の研究実績から発表したレポート「チャイナ・スタディー」に基づくものです。

チャイナスタディーでは、ネズミの実験で動物性タンパクが高濃度の餌（タンパク質20％）と低濃度の餌（タンパク質5％）を与えたグループに強力な発ガン物質であるカビのアフラトキシンを投与する実験を行いました。その結果、高タンパク食グループではガンの発生が見られましたが、低タンパクの方ではアフラトキシンの投与量を上げてもガンが発生しませんでした。一方、植物性タンパク質の餌で実験した場合には、ガンの増殖を促進することはなかったとされています。つまり、強力な発ガン物質であるアフラトキシン単体ではガンは発生しなかったが、動物性タンパク質を多く与えた場合にはガンが発生したということです。

この実験では動物性タンパク質とアフラトキシンの組合せとガンの発症との相関関係が示されましたが、それをもって動物性タンパク質が人間におけるガンの発生要因であるとするのは早計です。

食事と人間の病気との関係について、ヒトを用いて実験して因果関係を明らかにすることは事実上不可能です。食と病気との関係は不明なことが多く、今後も様々な実験や研究によって徐々に解明していく必要があります。

一面だけを見て、あれが良いとかこれが悪いと一概に言うことはできず、ある者にとって良い物が他の者にとっては避けるべき物であるケースも多々あります。

いずれにしても、極端な偏りや不自然さが生じたときに不都合が生じることが多いのです。言い換えれば、自然のサイクルや地球の摂理に沿わなくなったときに不具合が起こりやすいものです。人類の進化の歴史で長らく食材とされてきたものをバランス良く食べることがヒトにとっても自然な行為です。

一般の人々の間にも栄養に関する知識が広まるにつれ、「菜食中心が良い」との意見が常識のようになっているようです。健康維持に欠かせない食物繊維を多く摂取できる菜食をメインとしながら、極端に偏ることのないバランスのよい食生活を心がけたいものです。

多様化する食べ方

食は私たちの身体をつくるものなので、その内容は体の健康状態に直結すると考えられます。同時に、「食は文化であり、食べ方は生き方」でもあります。

健康や栄養の知識が広まり食材への関心が高まれば、食材の選び方、調理法、食べ方などが多様化するのは自然の流れです。当たり前のように長年続けられてきた1日3食の食習慣や日本で推奨される1日30品目といった考え方とは別の食べ方を選ぶ人も増えています。

糖質制限やファスティング、ベジタリアンやヴィーガンなども特別なことではなくなりました。健康のため、美容のため、環境への配慮、思想や宗教的な面など、さまざまな要因で自分に合う食べ方や希望する食のあり方を選べる時代です。

ただし、「良い食の在り方」は健康に良いものであることが必須です。そのためにも極端に偏った不自然な食事にならないように心がけたいものです。

食と健康のことを考える際、分子栄養学などで目の敵にされるものとして糖分があります。糖分の摂りすぎが健康に良くないことは言うまでもないことですが、糖分は赤血球の唯一のエネルギー源であるグルコースの元であり、生命活動になくてはならないものです。

体内で最大の細胞数を誇る赤血球は、血液の約50％の体積を占めています。成人の血液量を5リットル（約5キログラム）とすると、約2・5キログラムが赤血球ということになり、それらが全身の血管を通って酸素や炭酸ガスを運ぶ役割を担っています。大腸菌からホモサピエンスまで、すべての生命体が利用するエネルギー源がグルコースであり、ヒトも健康を維持するためには必要量のグルコースが血中を流れ続けていることが重要なのです。

運動をしたり、風邪や感染症などの病気にかかって体内のビタミンが激しく酸化されると、この代謝に関与するグルコースが速やかに消費されます。精神的なストレスもまた体内の代謝環境に影響を及ぼすため、心身を問わず〝疲れると甘いものがほしくなる〟のは、脳や多くの細胞がグルコースを要求するからです。

現代人にとって摂取過多になりがちな糖質が生活習慣病の原因になることが多いと考えられていますが、〝グルコースは生命活動に必須のエネルギー源〟でもあります。糖質を極端に制限れば、逆に健康に悪影響を及ぼすこともあります。

菜食主義に関して、日本では昔から僧侶は一般的に肉食をしない文化がありました。そうすると栄養失調を招きやすくなることが経験的にわかっていたので、大豆を豆腐にしたり、揚げたり発酵させたりして栄養価を高める知恵を発達させました。これは発酵微生物

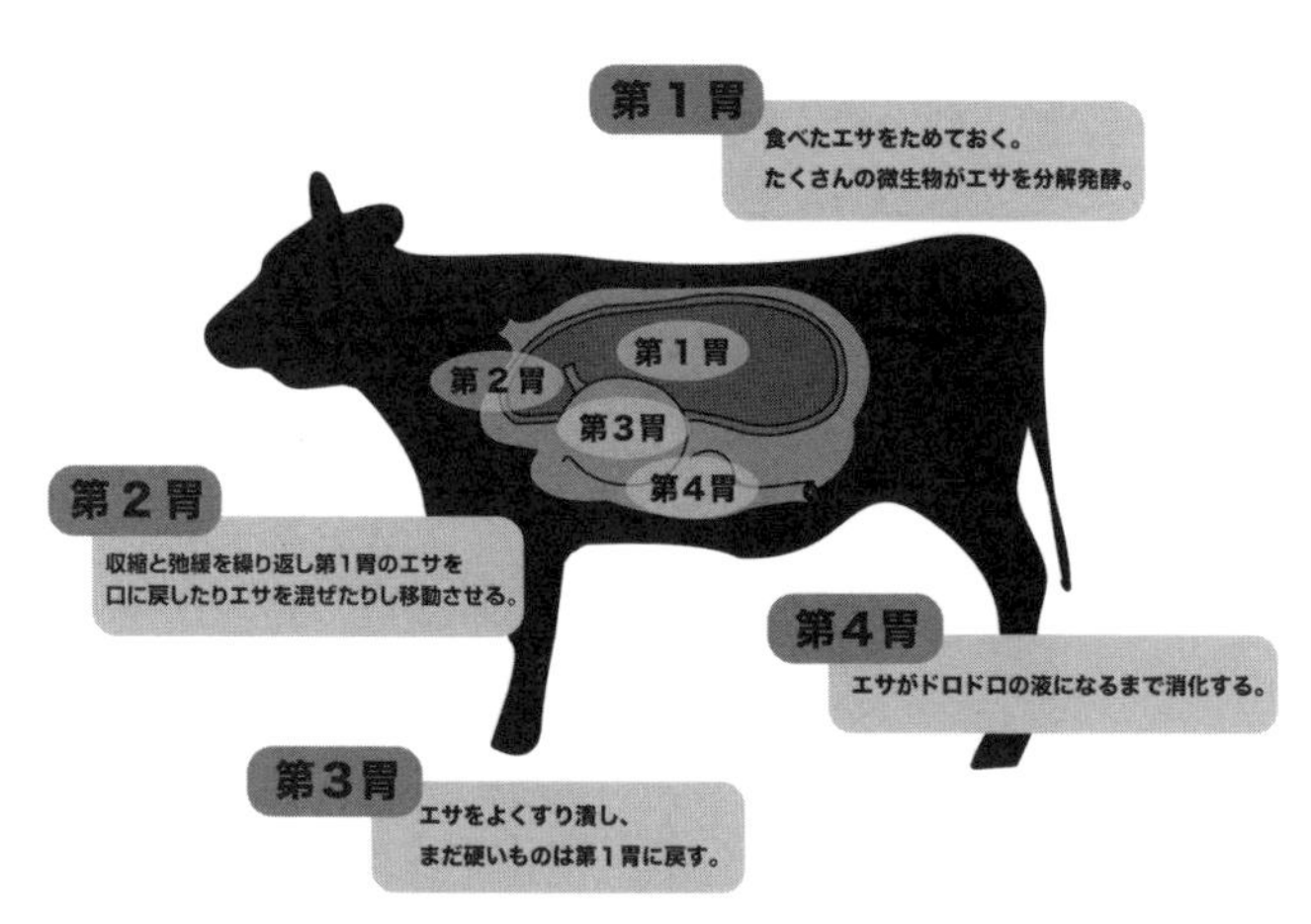

胃内での発酵作用を利用し、
微生物から栄養摂取する牛が持つ４つの胃の特性

の力を利用する工夫です。

これは牛やウサギといった草食動物も同じです。牛なら4つの胃袋で栄養価を高めてバランスをとります。最初の第一胃は120リットルほどの容量をもつ〝巨大な発酵タンク〟です。この胃袋の中で草をかき混ぜながら発酵させて微生物などを増やします。それを4番目の胃袋の胃酸で殺菌した後、約60メートルもの小腸でバクテリアの栄養分（タンパク質、核酸、脂質、ビタミン類など）を有効に分解吸収します。これが草だけで70キログラムもの巨体を維持できる仕組みです。〝草食動物〟というより〝発酵微生物食動物〟と言ったほうが正確です。

ウサギはコロコロの糞を出し、それを食べます（糞食）。糞のなかには腸内細菌のビタミンをはじめとする栄養分が豊富であり、それを食べることで栄養のバランスが整います。このように、自然界のベジタリアンたちは、単に草を食べるだけでなく、自分の体に必要な栄養素を補完する〝食材加工法〟を進化させてきました。僧侶が工夫してきた調理法は、植物などで発酵微生物を育て、それによってビタミン、タンパク質、核酸、脂質などを得る食べ方（食物錬菌術）なのです。

動物性タンパク質が不要なのではなく、なんらかの手段で同じ効果を得られる知恵で補っているのです。そういった知識や工夫のないまま極端な菜食に偏ると栄養失調を招きかねません。

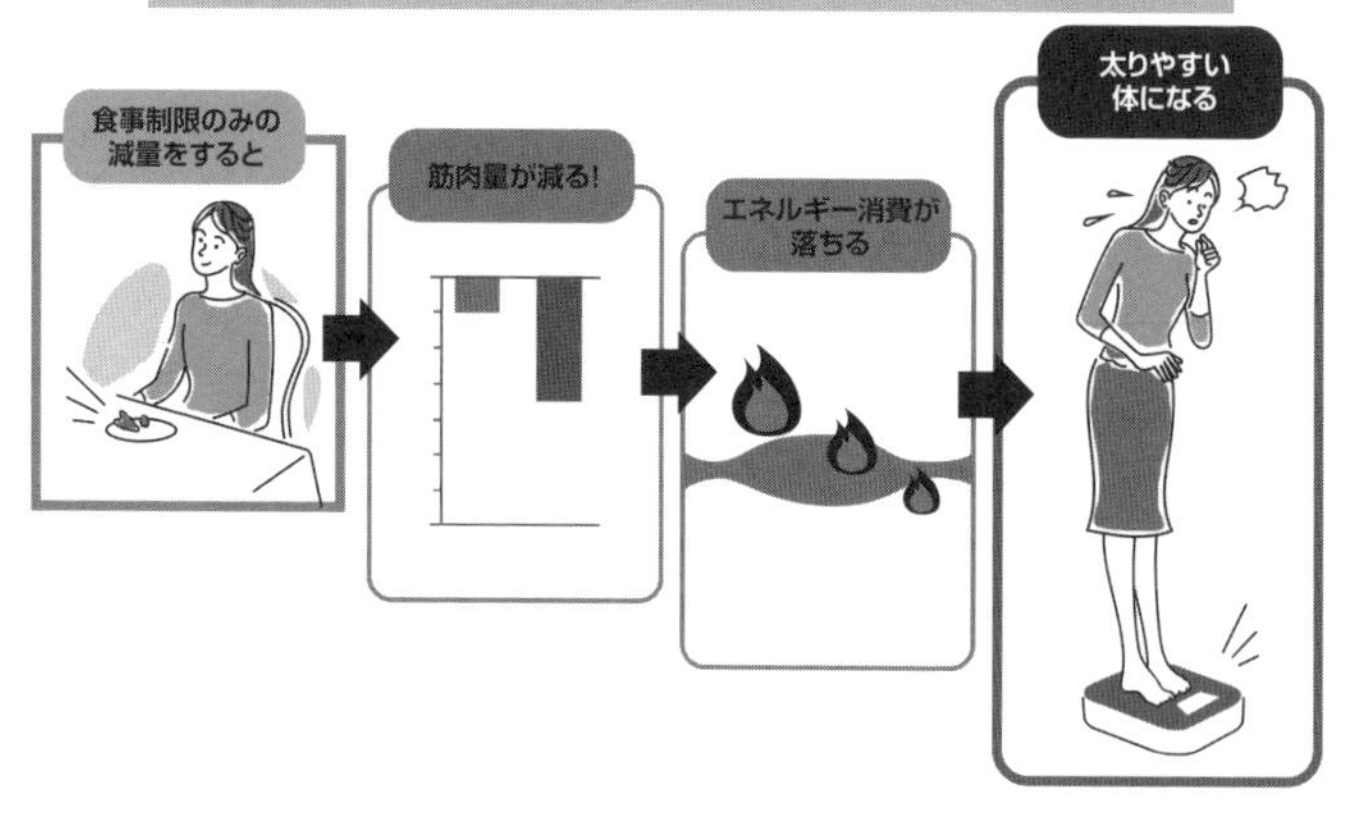

極端な節食・ファスティングは危険で、リバウンドする確率が高くなる

また、正しい知識が無い状態で極端な節食や断食（ファスティング）をすると、逆にリバウンドで太りやすくなるという事実もあります。人体の防御反応で、飢餓状態では入ってきた栄養素を溜め込もうとする働きが活発化するからです。いわゆる〝リバウンド現象〟であり、これは断食の後に食べすぎるから起きるというだけでなく、体を守ろうと目覚めた遺伝子がそうさせているのです。この遺伝子集団は〝倹約遺伝子〟と呼ばれています。これは遺伝子レベルの無意識的機能であり、意識下で行う涙ぐましい食事制限などでは太刀打ちできません。

食材の変化と自分の変化

食の状況がこれだけ多様化したうえに、食材の多様化という現状もあります。例えば、昔と比べて野菜に含まれる栄養分が減っているという話はよく耳にします。また、遺伝子組み換え食品や化学合成された調味料など、本来は自然界に存在しない組成を有する食材も増えています。

〝遺伝子組み換え〟に対して抵抗感がある人は多いようです。遺伝子組み換えの食品を提供している企業は、遺伝子組み換え作物に危険性が無いことを実験結果などで説明しています。しかし、人間が長年摂取した場合の影響については未知であり、その点に不安を覚える方も少なくありません。個人の感覚は自由であり、遺伝子組み換え食材を忌避することもひとつの考え方です。しかし、遺伝子組み換え食品を〝食の多様性の一部〟と見なすことも可能です。

増え続ける世界の人口を支えているのが、新たな技術や化学的・工業的な食材の確保法と加工法である事は紛れもない事実です。遺伝子組み換えも多様性の中の一要素です。人の営み自体も大きな視点で見れば全て自然の一部であり、人間が関与する新しい技術開発もある意味では自然の中の一部ととらえることが可能です。何事もバランス良く俯瞰的に捉える事が大切です。

一方、食材などの様に摂取するものではなく、生きているだけで体内で遺伝子や代謝に変化が起きます。

年齢を重ねると受け付けなくなる食べものや嗜好が変化する事がその良い例です。体の代謝能力や中間代謝産物が変わることにより、これまでは美味しいと感じていた食べ物が、しつこい、塩辛い、おいしくないなどと感じてしまう事は、大半の人が経験することです。

年齢だけでなく心身の状態など、さまざまな要素により味の感じ方も変わります。それは受け入れたい、受け入れたくないといった身体の無意識的な声でもあります。その声をしっかり聞き取り、それに適切に対応できる知識や行動を身につけることが、自分の健康を守る力となってくれます。

食物繊維の重要性

現代人は野菜の摂取量が少ないというデータが有ります。さらに、あらゆる世代において、食物繊維が必要量の半分くらいしかとれていないというデータもあります。〝5大栄

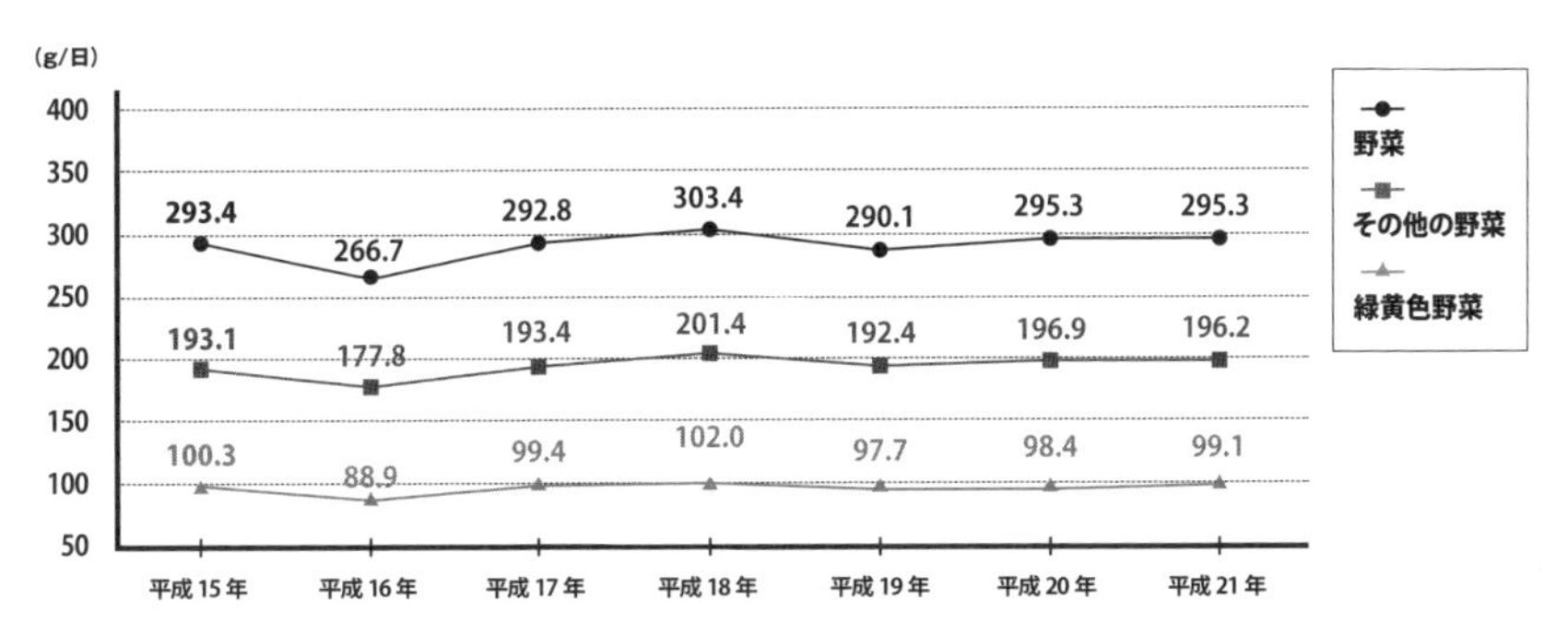

厚生労働省「国民健康・栄養調査」より野菜摂取量（20歳以上）の平均グラフ（平成21～令和元年）

養素〟に〝食物繊維を含めて6大栄養素〟と呼ばれる様に、近年では食物繊維が重要な栄養素と考えられています。食物繊維を摂るという意味でも海藻類や野菜を積極的にとることが大切です。かつては食物繊維が豊富で、世界的に理想的といわれたこともあった日本人の食生活ですが、それが大きく様変わりしつつある事は残念なことです。

食物繊維が健康維持にとって非常に重要であることは周知の事実です。食物繊維は人の消化酵素では消化されずに大腸にまで達する食品成分ですが、多くの生理機能に関与しています。

例えば、小腸では消化・吸収されずに大腸にまで達し、乳酸菌やビフィズス菌をはじめとする多様な腸内細菌のエサとなり、便の量や質をコントロールしています。このような整腸効果はもちろん、小腸内で消化酵素アミラーゼによる糖質の分解を抑えることで、糖の吸収を穏やかにして血糖値の急上昇を抑制し、血液中のコレステロール濃度を下げたりします。

また、脂質、糖、ナトリウムなどのミネラルの吸収や排泄を助ける作用もあります。食物繊維をしっかり摂ることで、肥満、高脂血症、糖尿病、高血圧などの生活習慣病の予防や改善にもつながります。食物繊維をとる具体的な方法は海藻類や野菜類を食べることです。特に根菜類や海藻類、キノコ、ヌルヌルしたものやネバネバしたものが食物繊維を豊富に含んでいます。

腸内環境を整えることの重要性

ここで、最近注目されている腸内環境について簡単に触れておきます。

今、多くの人が意識している〝腸活〟とは、腸内の微生物（以下、腸内細菌）を有効活用するために有益な菌が増えて活発に活動できる環境をつくる事です。

私たちが食べたものは、消化というプロセスを経て分解されます。細かい成分に分解されることで細かなヒダ構造の絨毛と呼ばれる小腸粘膜の細胞から吸収され、毛細血管から血中に入っていきます。

食物成分は全て消化管内で、アミノ酸、ビタミン、グルコース、脂肪酸などの栄養素に分解・代謝されます。この代謝作用は消化液中の消化酵素や腸内細菌の酵素によって行われます。

腸内では1000種類以上、数百兆個もの腸内細菌が活動しており、その総重量は1〜1・5キログラムにもなると言われています。食物が消化吸収された後の便は、水分、食物残差、腸粘膜細胞の死骸、腸内細菌などです。

腸内細菌は消化・吸収に重要でありながら、その本格的研究が始まったのは比較的近年になってからです。腸やその内容物を顕微鏡で見ると様々な腸内細菌が観察でき、それがお花畑のように多様であることから〝腸内フローラ〟と呼ばれています。

1000種以上もの腸内細菌は、人体に及ぼす影響によって一般に「善玉菌」「悪玉菌」「日和見菌」などに分類されています。これは人体に善い働きをする菌、悪い働きをする菌、そして環境によってはどちらにでもなる菌があるという考えです。しかし、これはあくまでも〝人間の欲望に根差した便宜的な命名〟であり、これらは微生物としてそこに共生しているだけです。腸内細菌自体に善悪はなく、状況によってはその影響も大きく変化します。大切な事は〝腸内細菌の多様性が豊かであること〟です。腸内細菌の約7割を占める日和見菌が宿主と共存共栄しながら腸内の環境や人々の健康を支援してくれます。

腸内フローラの変化の影響

一般に、〝善玉菌〟と呼ばれている代表的なものは乳酸菌やビフィズス菌です。これらを含む食べものを食事で取り入れることによって腸で働かせるという考え方があります。しかし、通常の食事で有用な菌を取り入れても、その大半は小腸に到達する前に胃酸や胆汁でほとんど死んでしまい、腸に到達しても中々定着しにくいと言われています。通常の食事でこれらを摂取しても、直ぐにその健康効果を期待するのは難しいと考えられます。

口から有用な菌を取り入れるという考え方と対になるものとして、普段から腸内にいる様々な菌を活性化させる考え方があります。「腸内細菌のエサになる食品を積極的に摂ることで、腸内細菌の多様性を増やす」という考え方です。

腸内細菌の理想的なバランスは、善玉菌約20％に対して日和見菌が70％、悪玉菌が10％と考えられていますが、その善悪は未だよく解っていません。現時点では、〝腸内細菌の多様性を維持する事〟が重要と考えられています。

食習慣や生活習慣によって多様な腸内細菌が住みやすい環境をつくりだせば、腸内環境も良くなります。例えば、食物繊維を積極的に接種して腸内細菌の多様性を維持しておけば、栄養エネルギー代謝や免疫反応も正常に維持されます。

腸内フローラの理想的なバランス

腸内細菌の多くは食物繊維を発酵させてビタミンB群をはじめとする様々な栄養素を生成します。発酵代謝で生じる酢酸、プロピオン酸、酪酸などの短鎖脂肪酸はpHを下げて腸の蠕動運動を促したり細胞のエネルギー源にもなり、リンパ球に作用して炎症を抑えたり肥満を抑制する作用もあります。

無酸素環境の消化管内では食物繊維がシキミ酸となり、それから大半のアミノ酸が産生されます。〝ビタミンB6酵素の脱炭酸酵素〟によりアミノ酸から炭酸ガスが引き抜かれると〝アミン〟と呼ばれる神経伝達物質が生じます。この代謝反応は大量の腸内細菌や腸壁の神経細胞の仲間が担っています。幸福感や充足感を伝える神経伝達物質であるセロトニンは〝幸せホルモン〟とも呼ばれていますが、セロトニンの90%以上は腸内で産生されています。

腸壁には数百万個以上の自律神経繊維が走っており、それらが血液や脳と連動して全身を制御しています。そのため腸内フローラの代謝産物が人間の健康のみならず、喜怒哀楽などの感情にも大きく影響しています。〝腹が立つ〟、〝腑が煮えくり返る〟、〝腹を探る〟、〝腹をわって話す〟など、古くから〝腹に心が宿る〟と考えられてきたのはこの為です。この様な現象は「脳腸相関」といった言葉で知られてきましたが、その主役は腸内細菌が産生する神経伝達物質の代謝によるものだったのです。心身の健康や精神状態が便の状態（腸内細菌）と深く関係している事が〝直感知〟として〝大便〟なる言葉を用いてきた理由なのです。

近年の食生活や生活様式の変化によって、腸内細菌のバランスや腸内フローラの代謝は大きく変化してきました。その影響によって様々な食物に対する反応が変化してアレルギー反応として現れてくる可能性もあります。〝健康には腸内細菌のバランス変化が大きな要因になっている〟と考えられます。腸内フローラやその環境は免疫系のバランスにも大きく影響します。

赤ちゃんは生まれるときに、お母さんの膣内細菌や腸内細菌を譲り受けながら誕生します。生まれ出てからは、身のまわりにあるモノを舐めながら様々な細菌を消化管内にとりいれ、その多様性を広げながら栄養代謝能力を高め、免疫的軍事訓練をしながら〝独立した生命体〟へと成長していきます。

つまり、赤ちゃんが触れたものを口に運ぶのは、細菌なども含めて周囲環境への適応能力を拡大する本能的行動なのです。今日の様に〝過度の消毒や殺菌は逆に健康な成長を妨げる危険性〟があります。それが暴走した典型的な例が、今回の〝コロナ騒動における過剰な殺菌消毒生活〟です。

自然な食環境と自然な生活環境は、人類が長い年月をかけて自然に獲得してきた身体の生存システムに不可欠なものであり、大切にすべきものなのです。人体は〝自分の細胞の数百倍もの共生微生物の乗り物〟でもあります。

心の疲れを癒すのも食

食事は健康を保ちながら日々を元気に生きるためのものです。それは身体のみならず心に対してもいえることです。食材がどんなものか、どんな栄養があるのかだけでなく、おいしいと思うこと、楽しい時間をすごすことも食事の重要な意義です。

コロナ禍において黙食が推奨されましたが、これは極めて不自然で馬鹿げた行動です。仲の良い人たちとワイワイ楽しく、美味しく飲食する時間は人間にとって不可欠な生活の一部です。

同じ食物を食べても、どんな仲間や雰囲気で食べるかによって味の感じ方や消化の良し悪しが大きく違ってきます。

栄養不足になるとうつ病を発症しやすくなったり、怒りっぽくなり、いわゆるキレやすい状態を招きやすく、落ち着きを失ったりクヨクヨしやすくなったりすることも報告されています。うつ病をはじめとする身心の症状の緩和改善や治療のために食事療法を用いる医療機関も増えています。

軍隊やクラブ活動などで〝同じ釜の飯を食った仲間〟のパフォーマンスが劇的に高まるというのは、〝食事を共にする事により重要な人間関係が構築されること〟を意味しています。身心が不可分な人間は、存在すべてが食によって創られています。まさに〝食べることは生きること〟なのだと実感します。

私の健康のもと、発酵玄米と具だくさん味噌汁

私は生化学分野で〝活性酸素〟や〝栄養代謝学〟を進化医学的視点から研究することを専門としています。口から入れた食べものが体内で代謝変化しながら輸送排泄されていくプロセスなども研究してきました。私が生化学を学びはじめた半世紀前には、日本の医学

井上先生の具だくさん味噌汁と食卓

部の生化学講座の一方は分子代謝学、もう一方は栄養代謝学を担当する研究室が基本でした。それ以後は分子生物学が発展すると同時に科学知識が爆発的に増え、医学生に〝食に関わる栄養代謝学〟を講義する時間も激減しました。しかし、栄養学の知識は健康維持に不可欠であり、医師が国民を指導すべき際に今でも重要な知識です。全ての人間は食べたものを代謝して生きているので、食べる物やその代謝が分からなければ、自分の身体の基本が分からないことになります。

「生命体を丸ごと食べるのが食の基本」であり、私自身も日々の食事は白米よりも玄米食を基本にしています。特にもち米の玄米を2日ほど水中で保温して発酵玄米として炊くと大変美味しく食べられます。もち米はでんぷんの成分であるアミロペクチンが多いので、とてもおいしい発酵玄米になります。さらに昆布を入れて炊くなどの工夫をすると、栄養バランスもアップすると同時に、大変おいしく食べられます。

そして毎朝、具だくさんの味噌汁も欠かせません。普通の具だくさんではありません。お椀によそった味噌汁に箸が立つくらい野菜でいっぱいのものです。この様に食物繊維を多く含む食生活をしていると腸内細菌（フローラ）の多様性が広がり、便通なども劇的に改善されます。これは古くから経験的に知られていた事ですが、今では腸内細菌叢のゲノム解析などでも明らかにされています。それと同時に、何事も極端なことをせずに、緩やかで適当に考える事も大切です。

現代社会では〝殺菌や除菌〟に必死になり、食べものに関しても〝あれは身体に悪い、これを食べなくてはいけない〟などと極端に走ることが多すぎるように感じられます。

前述の通り、赤ちゃんは、環境中のいろいろな微生物を口にすることで免疫力をはじめとする〝生きる力〟を獲得しながら成長していきます。神経質に清潔を極めた環境で育った子どもたちが将来どの様になっていくかを考えると心配になります。今のままではアレルギーや虚弱体質の人々がさらに増えることが予測されているからです。

食に話を戻しますと、「食文化は生きるための叡智が太古から蓄積されてきたもの」であり、それが最近になって「科学が凝縮された生存戦略そのものであった事」も詳しく判明しつつあります。調理の過程は化学反応や代謝そのものであり、伝統的に蓄積された調理法や下拵えのなかに無数の科学的健康法が見出せます。〝食こそが体を作り健康を左右する最大の基盤〟なのです。まさに「あなたは、あなたが食べたものそのものである」との名言通りです。

食のあり方には、〝何を食べるかだけではなく、食べ方〟も含まれます。同じものでも食べる順番や速度や時間によって消化吸収や代謝が変化し、体に及ぼす影響も変わります。例えば、洋の東西を問わず、伝統的なコース料理では前菜の野菜料理からスープ、メインの肉料理、最後にスイーツというような流れで進むものが大半です。これは、より美味しく、より健康的に消化吸収～代謝されるように経験的に確立されてきた〝生存の文化〟そのものです。

食に直結する農業への期待

食を考える上では農業が基本になります。現代ではいろいろな農法が並行して行われています。かつては自然環境と植物の特性に合わせるしかなかった栽培法が主体でしたが、今は人間がコントロールできる部分も大きく増えています。それが地球の人口増加を支える基盤にもなっています。

一方、可能な限り〝自然に寄り添う農法〟の重要性も再認識されています。〝農薬も肥料も使わないという自然栽培のコンセプト〟は、シンプルでわかりやすいものですが、克服すべき多くの課題を抱えています。

土の中には様々な微生物がいます。人体における腸内細菌と同様に重要な成分が地中の土壌微生物です。動物は腸管の共生微生物の代謝力を利用しながら消化吸収や栄養代謝を営んで健康を維持しています。土壌微生物は、植物が根から様々な栄養素を吸収できる様に必須の成分を提供しながら植物界を維持しています。

土壌微生物によって造られた植物界は、水と炭酸ガスを吸収して炭水化物などに加工しながら最終的に酸素を放出し、それを動物界が水と炭酸ガスへ変換しています。こうして炭酸ガスと酸素が循環することで、微生物も含めた地球全体が呼吸しながら「人間を含む全ての生物が大きなサイクルに含まれて生存」しています。「私たち人間も自然のサイクルの一部にすぎないこと」を意識しながら生活することが大切です。

自然といっても、山奥で生活しなければいけないとか電気やガスを使わない方が良いということではありません。現代社会で便利な技術を利用しながら、自然のサイクルに沿った生活を送ることが可能です。例えば、〝自然栽培の野菜〟のように、より自然に近い仕組みで育った食材を選択することもその一つです。

土壌微生物とうまく共生しながら活用し、よりよい生産活動を展開することが自然栽培における大きな課題です。植物の合成力や生命力は驚異的であり、水とミネラルと窒素と二酸化炭素で生命を維持し、大きな樹木へと成長したり、動物に酸素や食物を提供してくれます。

今、世界の環境や社会情勢は激変しており、食の環境や事情も刻々と変わっています。その為に心配な食生活を送る若者も増えています。その様な世界的環境変化の中で、自然の営みや植物の活動は続いていきます。私たちもその生命世界の一員として地球生態系と共存しながら人生を謳歌したいものです。

自然の摂理を学びながら〝医食農同源学〟を基盤にし、コロナ禍で世界が激動する現代を逞しく生きたいと願っています。現在、ＳＤＧｓの掛け声のもと〝畜産物〟の過剰な削減政策が行われています。また遺伝子組換えなどの危険性を視野に入れないまま〝コオロギなどの昆虫食〟が極端なほど声高に叫ばれています。これらは視野狭窄的な宗教のように感じられます。何事も狭い視野で極端に偏ってしまわずに、多様性を意識したあり方を心掛けたいものです。自然と共生する俯瞰的な農業や食の在り方を科学的に模索する事が今ほど大切な時代はありません。

プロフィール

井上正康

１９４５年　広島県生まれ。

１９７４年　岡山大学大学院修了（病理学）。インド・ペルシャ湾航路船医（感染症学）。以降、Albert Einstein 医科大学客員准教授（内科学）。Tufts 大学医学部客員教授（分子生理学）。大阪市立大学医学部教授（分子病態学）等を歴任。

２０１１年　大阪市立大学名誉教授。宮城大学副学長（復興支援担当）。大阪市立大学特任教授（脳科学）。

２０１５年　株式会社キリン堂ホールディングス社外取締役。

２０１９年　腸内フローラ移植臨床研究会・FMTクリニック院長。

２０２０年　一般社団法人「ワクチンハラスメント協議会」理事長

現在：健康科学研究 所長・現代適塾 塾長

英文原著論文５００編以上・著書50冊以上、メディア出演多数

趣味：試す、観る、読む、聴く、潜る、活ける、出逢う、語る。

第3章

食材と料理の深い関係

著：奥田政行（イタリアンシェフ）

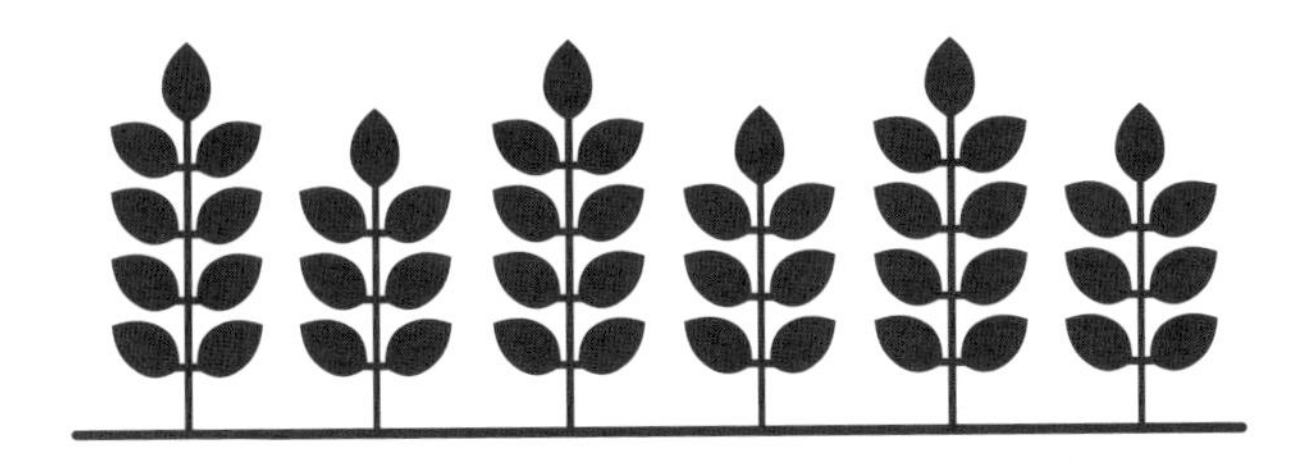

地方も環境も再生する食の限りない可能性

私たちが生きるためには食べることが不可欠です。どんなものをどのように食べるのかはさまざまですが、食べることは生命をつなぐことであり、食べ方は生き方であるということもできるでしょう。

人間界にはいろいろな産業がありますが、第一次産業は農業、漁業といった、食を支える産業です。そこには、林業など食材を提供してくれる環境を守る仕事まで含まれます。どんな世界になったとしても、人類が生きていくために必要な食に関わる仕事がなくなることはありません。そんな食には、農業や漁業、環境が密接につながっており、それらは地方に結びついています。

現代社会のルールは、都会での暮らしをメインに構成されているように見える部分が多々あります。しかし、私たちの生活の根は、もともと地方にあったものでした。今は都会になっている土地でも、かつては今でいう地方的な暮らしがなされていました。

ここでいう地方的な暮らしというのは、自然とともにある暮らしです。場所の問題ではなく、自分の生まれ育った大地に根ざし、その土地の環境と共生して暮らすことです。ものを育む感性があり、人間以外の生物を含む他者への尊重があり、自然に感謝する気持ちや、思いやり、助け合いの精神がある暮らし。お金があればなんとかなるのではなく、人間関係をはじめとする他者との関係を築くことで、互いに認め合い、慈しみあっていく生き方。それによって続いていく社会。

地方であろうと都会であろうと、場所や時代にかかわらず、そういった営みが、豊かで発展的で持続可能なものなのだと思います。例えば、どんなにお金があっても、食料自体が足りなければ分けてもらえないかもしれないのです。本当に困ったとき、私たちはお金で売り買いするのではなく、関係性や心で分け合うしかないのです。

すべての人がかつては暮らしていた地方、営んでいた地方的な暮らしの多くは、今「再生」すべきものとなっています。地方が再生する、環境が再生するということは、一度、危機的な状況に陥ったということです。再生しなければならなくなってしまう、壊れてしまう状態に陥ったということです。

そこに至るまでに、多くの要素が複雑に絡んでいることは間違いありません。けれど、大元はもしかしたらひとつかもしれません。人間が地球の営みのサイクルから外れてしまったこと。食が地球からいただくものでなくなったことではないでしょうか。

地球に生きるものは、大地に根を張って育ったものを食べるのが基本です。海のなか、森のなかで生まれ育ったものを食べるのが基本です。互いに自然に寄り添った命を食べ、命の終わりには土や水に還るのが摂理です。地球から食を得て地球に還す、循環のサイクルのなかから外れると、どこか、なにかに歪みが出ると考えるのが自然です。

自然に寄り添う形で育ったものを、正しく料理し、感謝していただく。それが人間再生になり、やがて地方の再生、地球の再生へとつながるのではないかと考えます。再生も大きなサイクルのなかにあるのだと考えています。

私たちの命をつなぐ食は必要不可欠なものだからこそ、関わるものたちを変えていく力があるのです。

伝統食に込められた先人の知恵

平成12年、農林水産省、文部省、労働省（当時）が連携して「食生活指針」を策定しました（平成28年に一部改正）。

冒頭では、次のことが挙げられています。
・毎日の食事で、健康寿命をのばしましょう。
・おいしい食事を、味わいながらゆっくりよく噛んで食べましょう。
・家族の団らんや人との交流を大切に、また食事づくりに参加しましょう。
食事は健康をつくるものであり、その時間を楽しむもの、人との結びつきを深めるものであり、また自分の手で食事をつくることの大切さを表しています。

そして、伝統食についてふれた項目もあります。

・「和食」をはじめとした日本の食文化を大切にして、日々の食生活に活かしましょう。

・地域の産物や旬の素材を使うとともに、行事食を取り入れながら、自然の恵みや四季の変化を楽しみましょう。

・食材に関する知識や調理技術を身につけましょう。

・地域や家庭で受け継がれてきた料理や作法を伝えていきましょう。

日本の食文化や地域の産物を活かし、郷土の味を継承しようという内容です。

海に囲まれ、四季や地形、気候の変化に富んだ日本は、食に関しても土地ごとの特色が豊かな国だといわれます。先人から受け継がれた食材や伝統食、郷土食などのバラエティが非常に豊富です。

農林水産省による伝統食の定義は「おもにその地域で生産される農林水産物を用いて加工・調理された食物で、その地域の風土や習慣に合わせて長い年月をかけて形づくられたもの」とのことです。郷土食についても、ほぼ同じように説明されています。

前項にあるとおり、私たちが心身ともに健全に暮らし、地域や環境も健全であるためには、地球とつながる食材を食べることが重要です。つまりその地域の土地や水で育った食

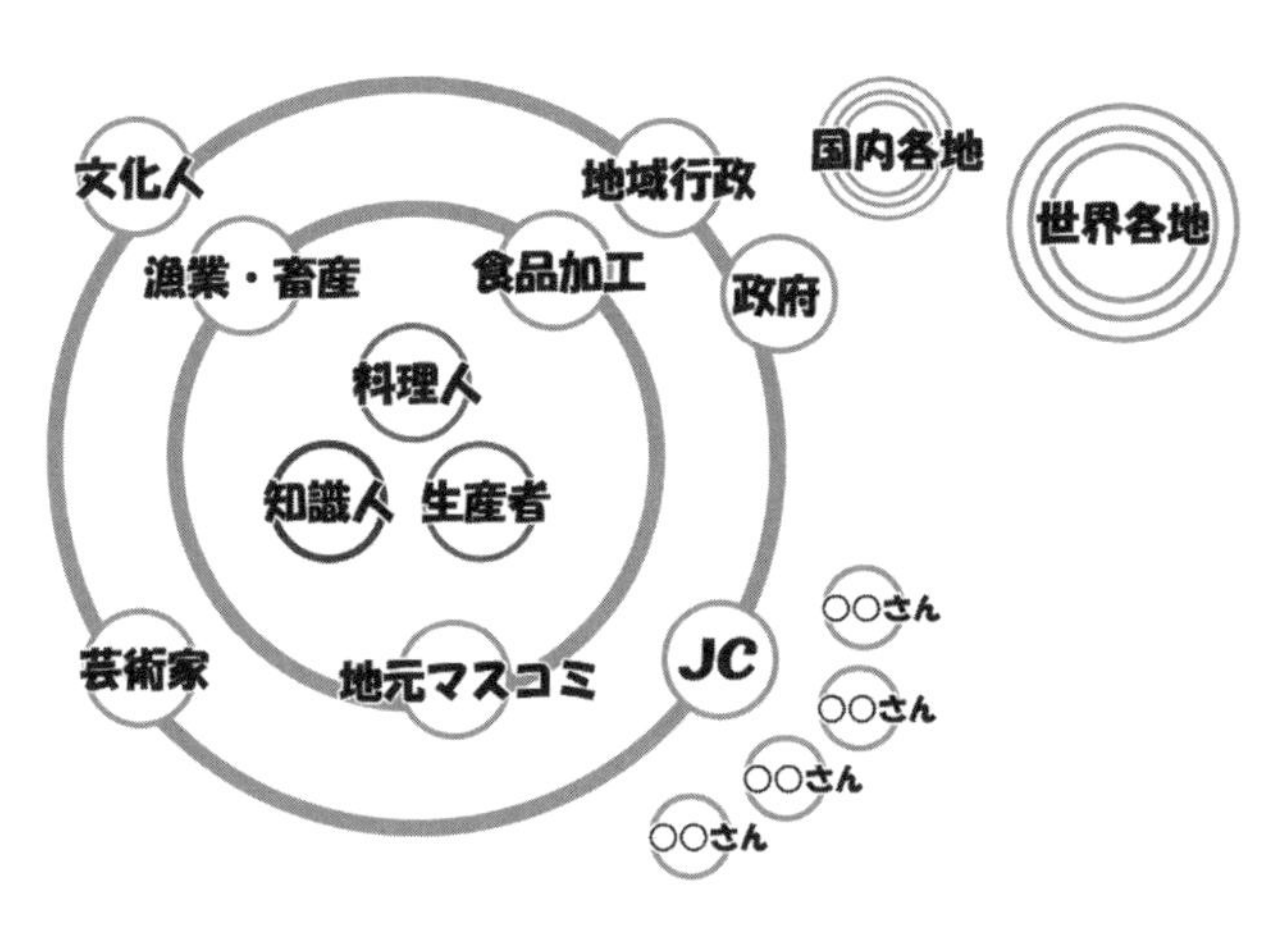

郷土食や伝統食など、食の楽しみを伝える情報発信の輪

材を使用する伝統食、郷土食を大切にすることは、地球やそこに暮らす生きものの営みを守るものであると同時に、その土地に伝わる文化を継承することでもあります。

同じ種類の野菜でも、育った土地によって味や食感が変わります。育て方によっても大きな違いが出ます。食材は生きものなので工業製品と違い画一化していない、画一化できないものなのです。

だから同じ食材を使っても、伝統食は各地で違います。雪の深い地域では、雪に野菜を埋めてアクを取り除いたり、雪室をつくって野菜を保存したりします。日本の全国津々浦々に伝わる基本の伝統食、漬けものにしても、驚くほど多種多様です。

郷土の食に誇りをもって次代へと伝えていくことと同時に、情報社会のメリットを活かし情報交換・情報発信をすることで、郷土の文化を外にも伝えていくことができます。自分の郷土を誇りに思うと同時に、他の地域の食を知り、尊重することで、食の楽しみはますます広がっていきます。

食にも環境にも欠かせない発酵の力

和食の特徴のひとつとして、発酵の力を巧みに利用するということがあります。世界中の郷土食に発酵食品はありますが、なかでも私たち日本人の食卓における発酵食品の重要性は飛び抜けているのではないでしょうか。

そもそも和食における基本の調味料であるしょうゆと味噌が発酵食品です。和食では、素材に発酵食品で味つけをして食べているといってもおかしくないくらいです。塩を用いる漬けものにしても、発酵させて味わいを増したり、長期保存できるようにしたりしているものがたくさんあります。

発酵とは、微生物や微生物がつくりだした酵素の働きによって、食材のタンパク質や炭水化物が分解され、なんらかの成分が生成されることです。これが人間にとって良いものであるときは発酵、悪いものになると腐敗とされます。発酵を起こすのが微生物だということをはじめ、発酵のメカニズムが解明されるずっと前から、人類は発酵食品をつくり食べてきました。

その場所にすむ微生物によって、発酵の結果は大きく変わります。微生物も生きものですから、環境によって生態系が変化します。土壌1グラムの中には数億の微生物がいるといわれますが、その種類は土の中の栄養分や空気、水分などによって大きく変わります。当然、環境が変われば微生物の種類や数もガラリと変わるわけです。

そんな生命の神秘を、人類は大昔から食をはじめとする生活のさまざまな場面で、よい形で利用できるよう工夫してきたのです。

発酵食品が健康に良いということは周知のことでしょう。最近話題の腸内環境を整えるために、微生物そのものが大きな働きをしてくれます。また、微生物が食材を分解・発酵するときに生成される酵素の作用で、新たな栄養分が生み出され、栄養価が高まります。同時に、微生物によって、ある程度消化の進んだような状態になり、消化吸収も良くなります。

保存性が高まることもご存じでしょう。膨大な種類の微生物は、互いに生き残りをかけるライバル同士でもあります。協力しあう種もありますが、発酵のもととなる微生物は、多くの場合、腐敗のもととなる微生物の働きを抑制しようとします。そのため、発酵という人間にとってよい働きが進んでいれば、腐敗は抑えられやすいということになります。

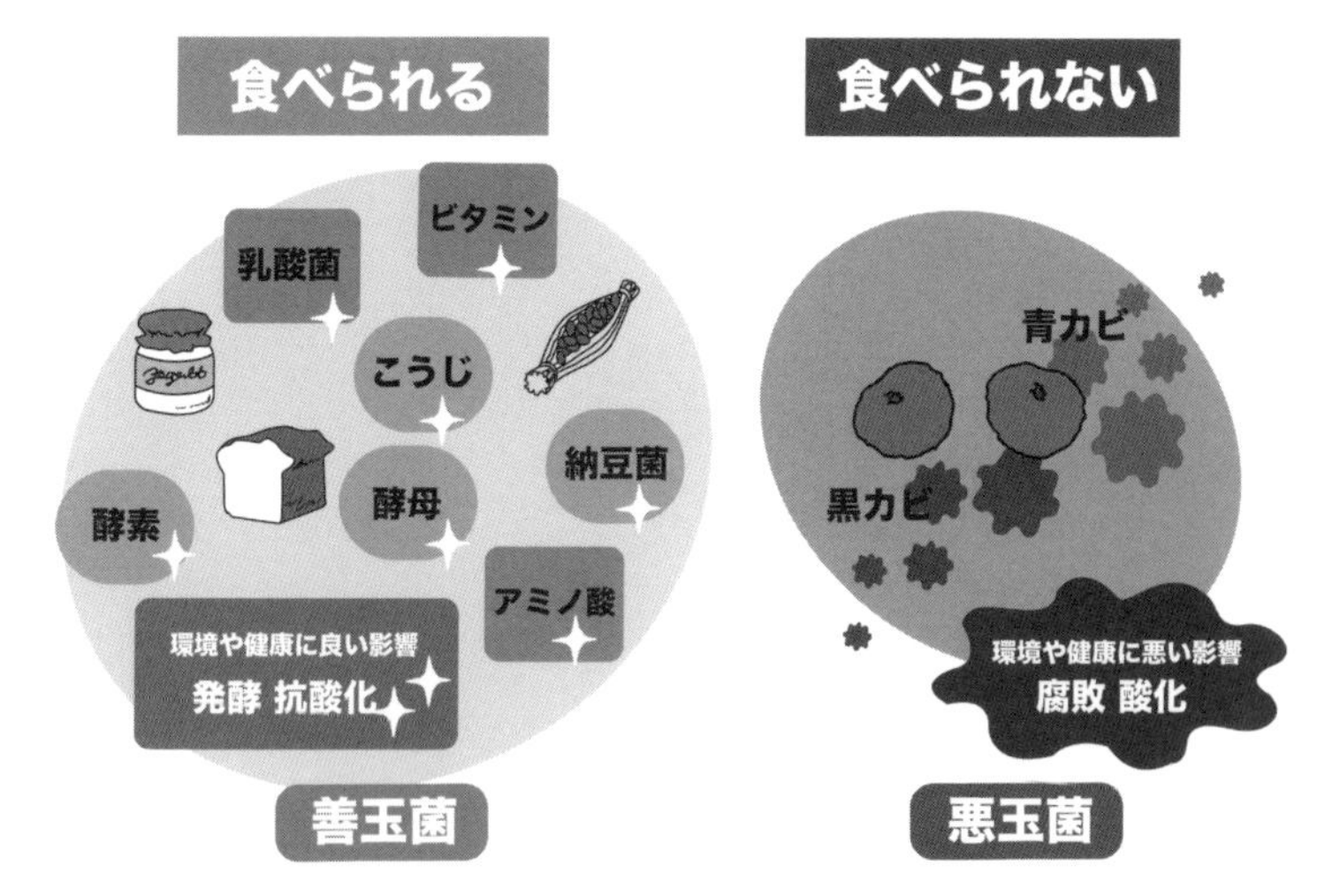

微生物によって美味しく食べられる変化や食べられなくなる変化が起こる

もとの食材の味わいに加え、発酵作用によって新たな香りや独特の風味が生まれます。

環境によって発酵の結果が変わるということは、それぞれの土地に根づいた伝統食や郷土食と切っても切れない関係ということになります。

ここで、この発酵に関する、地球環境や生態系との関連について簡単に述べておきます。

地球に酸素が発生したのは、24億年以上前に海で生まれたバクテリア（微生物）のおかげです。微生物が酵素を使って発酵を進めることにより、酸素や栄養分がつくりだされました。それによって5億年ほど前にシダ植物が増殖、その後、さまざまな植物が育っていきました。

それを動物が食べることで生態系が豊かになりました。そうして生を得た植物も動物も、一生を終えると微生物に分解されて地球に還ります。発酵は地球の循環のおおもとであり、それ自体がすべての生物の命の源だともいえる偉大な作用なのです。

命をいただくということ

調理に携わる人々は「植物や動物を食材として考えると地球の摂理を感じる」という意味のことを、いろいろな言葉で表現しています。これは、命をいただくことへの感謝の想いといえるのではないでしょうか。

食べるためには生きているものを殺して、食べられる形に解体しなければなりません。そこに、熱や味を加えて調理し、おいしく食べられる料理にします。食べるために必要なそれらの工程を、私たちは自分で行うなり、だれかに代理してもらうなりして、日々、食事をしています。

生きものが生きているときに経験したことのない熱を加えて、どんなふうに変化させるかを探求する。それが料理だともいえます。互いに命をいただくというのは、他の動物も行っていることですが、相手に熱を加えたり、皮をむいたりという手段を手に入れ、行っ

たのは人間だけです。

おかげで人間は、本来ならおいしいと感じないものや、固かったり、毒があったりして食べることのできないはずの生きものも食材にすることができるようになりました。

こうして、私たちは他の動物では不可能なほど、いろいろな生きものを食べて暮らしています。それによって、食べることを生きるために必要なことだけでなく、楽しむためのものにもしています。

食は、地球上で循環している命をつなぐ活動のひとつです。味は、その生きものの命を直接感じるものでもあります。同じ食材、同じ命であっても、栄養補給のために義務的に食べることと、どうやっておいしくいただくかを考え、楽しんで食べることでは、命の活き方が変わってくるのではないでしょうか。

おいしい調理法、相性のいい食材を探して、おいしい料理へと仕上げるために工夫する。自然のサイクルに沿った方法で、いただく命への感謝を込めて食事を楽しむのは、命に対する尊敬だと考えます。

命は命によって生かされている。それは地球の営みの全てにいえることですが、食はそのことをもっともダイレクトな形で表しているといえます。食事の最初に「いただきます」という私たち日本人は、古くから自然に食と命のサイクルを結びつけていたのでしょう。

動物性と植物性の理想的な割合

栄養はバランスよくとることが大切だということは、繰り返し耳にする言葉かと思います。ここでは、栄養の方のバランスではなく、料理のおいしさという意味でのバランスを考えてみたいと思います。

おいしいという感覚は人それぞれであり、料理にはいろいろな考え方があります。私が研究した結果、その一例として肉25％に野菜75％、魚であれば魚40％に野菜60％という目安があります。

野菜をメイン、または多めにとることで、よりおいしさを感じるということです。食物繊維を豊富にとれる菜食は体にいい食生活であり、私たちには、自分の体が喜ぶ食をおいしいと感じるメカニズムが備わっているのだと思わされます。

菜食を中心としながらも、そこに動物性の食材を組み合わせるとおいしく感じるのは、農耕による穀物食がはじまる数百万年前から、狩猟と採集という動物食で生きてきたことによる本能なのかもしれません。私たちの舌には、動物性の食べものに触れることで、エネルギー源を得たというように感じる本能が備わっているともいわれます。

また、野菜は動物性の香りと組み合わせたときに、野菜のもつ風味が引き出されるという考えから、動物性タンパク質と野菜の組み合わせは、一般的に風味として好まれるものだという答えが導き出されます。

同時に、肉や魚といっしょに野菜を食べることで、生野菜の消化酵素が肉や魚の消化を助けたり、食物繊維がとりすぎた脂肪分の排出を助けたりします。

いずれにしても、野菜を中心にさまざまな食材をバランスよくとりいれるというのが、健康やおいしさのために有効な食べ方というのが一般的にいえることでしょう。

食や健康は一般論で語りきることはできません。生き方に直結することであり、それぞれの考え方や環境、体質などによっても変わってくるからです。動物性のものを食べないという食べ方もあります。それもひとつの選択です。

食べ合わせの合理性

食材のなかには、一緒に食べると良い組み合わせがいろいろあります。一緒に食べないほうがいいといわれるものもあります。この食べ合わせの合理性にも、命のサイクルを感じることができます。

例えば私たち日本人におなじみの組み合わせに、サンマの塩焼きと大根おろしがあります。大根おろしの苦味はサンマと一緒に食べると気にならず、ピリッとした辛味と合わさって、サンマの脂や魚くささを、ちょうどよくやわらげてくれます。同時に、辛いものは油と一緒に食べると辛味が鈍化するので、大根の辛味をサンマがやわらげてくれるという関係です。

これは味だけのメリットではなく、大根にわずかに含まれる人体によくない成分を、サンマが消してくれるということもあります。食べ合わせによって、もともと毒になるものが薬効に変わるのです。

トマトをはじめ、昔は酸味の強い野菜が多く、砂糖をかけて食べる地域も多くありました。砂糖の代わりに動物性タンパク質を合わせると、おいしく、しかも栄養素を補いあう食べ合わせになります。

食べ合わせによる旨味効果

いろんな食材の旨味成分を組み合わせることで
さらに美味しくなり、栄養吸収効率が上がることがある

鶏肉のようにクセのあまりない肉には、キノコ類を合わせることでグアニル酸という旨味成分がプラスされ、味が際立ちます。洋食でサーモンの付け合わせにほうれん草が用いられることが多いのは、互いのカルシウムが結びついて有益に働くからです。

脂分が多いかパサついているか、水分が多いか乾燥気味か、香りが強いか弱いか、甘味や酸味、苦味など、特定の味の強さなど、食べ合わせの良し悪しを決める要素はたくさんあります。おいしさの面、健康の面、両面に関係する食べ合わせがあります。

古くから言い伝えられている食べ合わせも、そのほとんどが後になって科学的な合理性が判明しています。

味に関する食べ合わせであれば、例えば酸味に動物性を合わせるといいということや、その理由を知ることで、他の食材にも自分で応用することができます。

食材のポテンシャルを引き出す料理

生きものを食材として見ると、新たなことに気づきます。飛ばない鳥の肉は白っぽく、飛ぶ鳥の肉は赤身です。魚も、深海でじっとしていることの多い魚は白身、泳ぎ回る魚は赤身のことが多いです。

豚などを飼育しても同じことで、走り回らせて育てるとピンクになり、運動させずに育てると白っぽくなります。こういったことも地球の摂理ですが、私たち人間には、解体しないとそれがわかりません。

調理法によって、食材の旨味を引き出したり、突出しすぎる風味を抑えたりすることができます。野菜であれば、低温調理することで糖分が増して甘味が引き立ちます。

実は、私たちが本能的においしいと感じるのは、母乳に近い味と成分なのだそうです。乳幼児でなくなり母乳の味はおいしいと感じなくなっても、本能的に求めるものなのでしょう。疲れたときやストレスを感じたとき、油脂分と糖分を合わせたもの、つまりクリームなどの甘いものがほしくなるのはこのためだという説があります。

油脂と甘味、塩分と旨味、これらをうまく組み合わせると、一般的においしいといわれる味がつくれます。そこに酸味やスパイスを適宜用いると、味に対する飽きを防いでくれます。

さらに焼き色のついたものが、目にも風味的にもおいしいと感じることにも理由があります。冷蔵や保存料といった、食材の保存技術が発達していない時代から、火がしっかり通っているものは危なくないもの、安全な食べものだということが本能に刷り込まれているからです。

これらをまとめたものの一例が、イチゴのケーキです。焼き色のついたスポンジケーキに生クリームを塗り、塩水で洗ったイチゴの酸味を加えれば、本能に訴えるおいしさができあがるというわけです。

ただし、素材のポテンシャルを引き出すということであれば、調味料は多用しない料理になります。調味料は、その名のとおり味を調整するものです。素材そのものの味をできるだけ活かそうということとは相反します。

同時に、素材同士もひとつの料理にあまり種類を混ぜないことが、それぞれの食材のポテンシャルを活かすということにつながります。口に入れたときに全部の食材の味がわかるのは、3種類程度までというのが私の意見です。

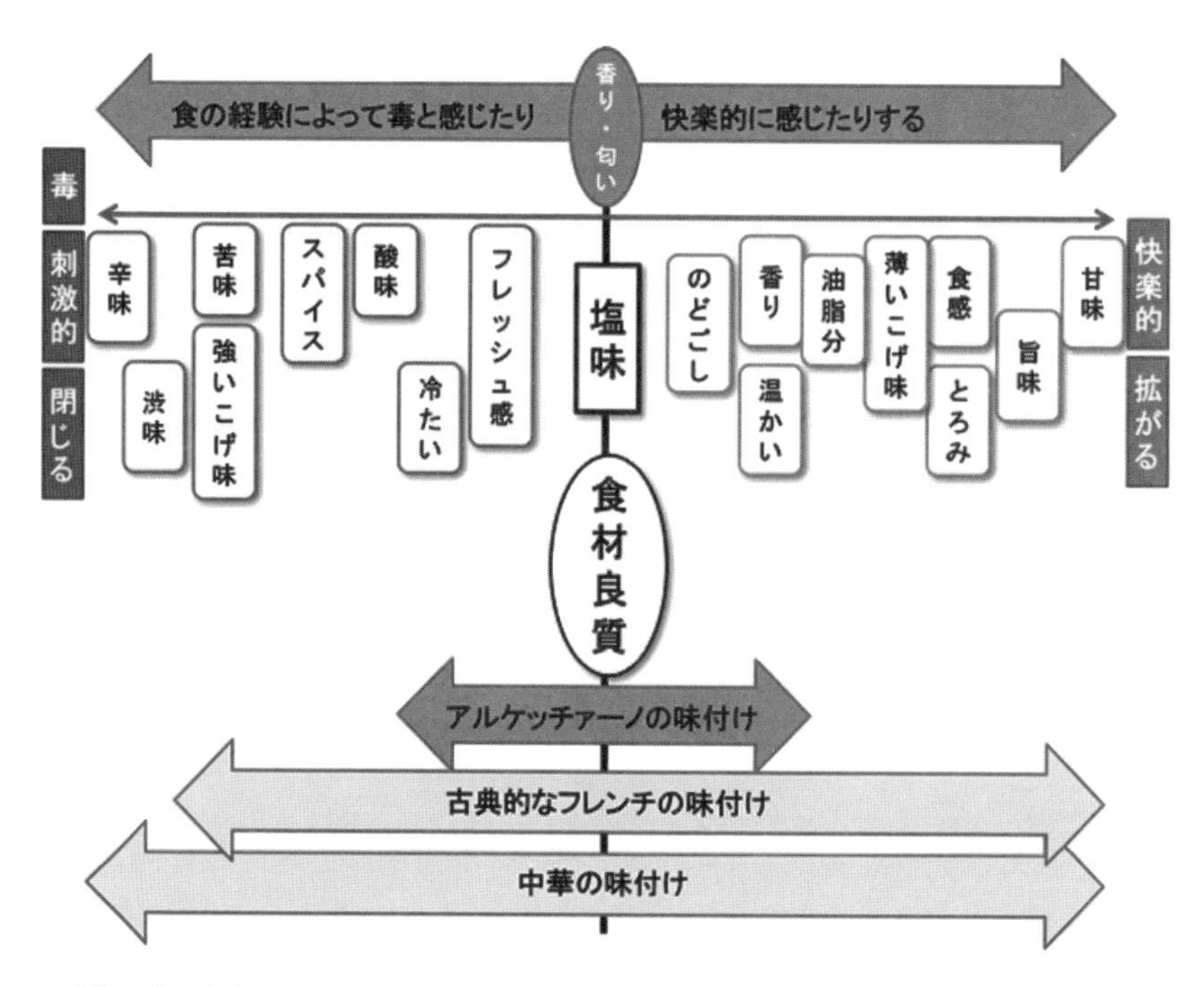

僕の味のとらえかた

塩味…塩はミネラルを含む。太古の昔から野生動物がミネラルを摂取するために必要とした味で、ほとんどの食材は塩をかけるだけで十分においしくなる。料理の中で塩を味覚にどう感じさせるかに料理人は神経を傾ける。だから僕は塩にこだわる。

酸味…最初に飛んでくる味。酸っぱさの種類はおおまかに5つあり、刺激的な酸の酢酸、柑橘類のクエン酸、丸く爽やかなリンゴ酸、少し渋みのある酒石酸、そしてヨーグルトや漬物の発酵した丸い乳酸、油のしつこさを中和したり清涼感をもたらしてくれる。

甘味…動物が大好物でダイレクトにうまいと感じる味。甘味が多いとコクも感じられるようになる。苦味を旨味に変えたり酸味を中和したり油と交わると香りを出すなど、質の悪い食材でもその圧倒的な力でおいしく感じさせてしまう。カクテルがあれだけ強いお酒なのにどんどん飲めてしまうのは甘味の誘い。

苦味…自然界では毒の味だがおいしさを覚えてしまうとクセになる味で、高級食材はほぼすべてほろ苦さを持っている。味のエッジとして活用。

旨味…料理の味を決める大切な要素。旨味の弱い食材にほんの少し旨味を補ったり酸味や渋味やエグ味を覆い隠したりする。旨味の代表は食材から旨味を抽出した「だし」だが食材自体にも旨味はある。

渋味…口の中がシワッとなる味で自然界では好ましくない味なのだが、旨味や脂肪分やタンパク質とあわせるとよい影響を与え、クセになる味に変化する。

辛味…ホットタイプとシャープタイプに分かれる。酸味と同じく最初にやってくる味で、ストレスがある時に欲する味。においがあるものを使わなくてはいけない時に使うと効果的。味の最終兵器で酸味と相性がよい。

油脂分…舌に触れた途端に快楽的になるキケンな味。素材同士を結着したりコーティングしたりするほか、酸味を中和する。糖分や心地よい苦味と出会うと快楽的な香りを出す。

焦げ味…焼いた時に生まれる香ばしい味で快楽的な味。舌に当たると本能が食べものだと認識する。焦げ味は旨味や甘味や油脂分と出会うとその威力をより発揮する。

香り・におい・くさみ…香りは美味しさの要素の重要な部分を占め料理に表情を与える。においの記憶は正確で、嫌な香りは嗅ぐと記憶はにわかに蘇り、おいしく食べ慣れたものの香りやにおいからは味を想像でき、初めてのくさみやにおいには警戒する。口の中にから鼻に抜ける香りはコクと錯覚する。

食感…口の中の触覚を刺激する。カリカリ、ぐにゅぐにゅ、パリパリ、ぬるぬるなど食感を表す言葉はいろいろあり、聴覚をも刺激し、料理にリズムを与えてくれる。

コク（味の数）…いろんな味が重なって厚みを増し、多くなればリッチな味になる。同化する味と対比する味を複合的に組み合わせると拡がりをみせる。

これらの味を理解した上で食材の味を解析し、右図と照らし合わせ味を作っていく。

国や地域によって作られる料理ごとに変化がある味わいの幅

食べられたい野菜、食べられたくない野菜とは？

野菜とは、植物のなかで人間が食べておいしいもの、栽培に向くものであり、単品で食べられるものと定義づけることができます。山に生えて栽培に向かないものが山菜、何かと合わせて食べるものがハーブ、おもに木になる甘い実が果物といわれます。

これは一般的な分け方であり、明確な定義はありません。例えばトマトは木になる実ですが、ふつうは野菜と呼ばれ、特に甘い品種はわざわざ「フルーツトマト」と呼ばれます。ハーブも今では水耕栽培や日陰で栽培することで、パクチーサラダやルッコラサラダのように何かと合わせるのでなく単品で食べられることがあります。

このように、人間の都合で分類されている植物ですが、その気持ち、自然の摂理を考えることも命の尊重につながります。

動物と違い植物は、積極的に自分を食べてもらおうとすることがあります。動物に食べられることで種を運んでもらい、生育範囲を広げることが使命だからです。赤く実をつけるのは、目立って食べられやすくするため。甘い香りを放つのも同じです。サクランボは赤くなり、甘い香りを放ち、さらに揺れることで「食べて」とアピールします。

食べられる以外にも、動物の体にくっついて運ばれるよう、細かな突起がたくさんついた種をつける植物もあります。丸い実は、動物に食べられなくても転がって遠くまでいきつこうとします。タンポポは風に運ばれやすい種をつけます。

食べられたくない野菜や実は、食べられないように工夫します。種ができあがっていない未熟な実は、酸っぱい、苦い、渋いなどの味で食べられないようにします。

動物の本能には、苦味、渋味、辛味、強い酸味は毒として刷り込まれています。実際に未熟な実は毒素を含み、食べるとお腹を壊すものが少なくありません。これらの風味は「まだ食べないで」というサインなのです。

大根の辛味や苦味は皮に特に集中しています。動物にかじられたら辛味や苦味で実を守ろうとしています。でも人間は皮をむいたり熱を加えたりして、それを克服します。また、食べ合わせや味つけで、辛味や苦味を抑えたり、メリットに変えたりします。火を使うことで、硬い植物も毒のある植物も食べられるようになった唯一の生きものが私たちです。

さらに人間は、あえて野菜の辛味や苦味を引き出す手段も知っています。ワサビや大根は、すりおろすことで細胞壁が壊されて、温度が変わると酵素が生成されます。それにより、甘味と辛味が引き離され、ツンと鼻に抜ける辛味が際立つようになります。

このように、私たちはある意味、植物の気持ちや自然の摂理を無視して食材にしていることがあります。ただしそれは、人間という生きものが生き延びるうえで獲得してきた手段という意味で、やはり自然の摂理の一部ということができるかもしれません。

植物の分類

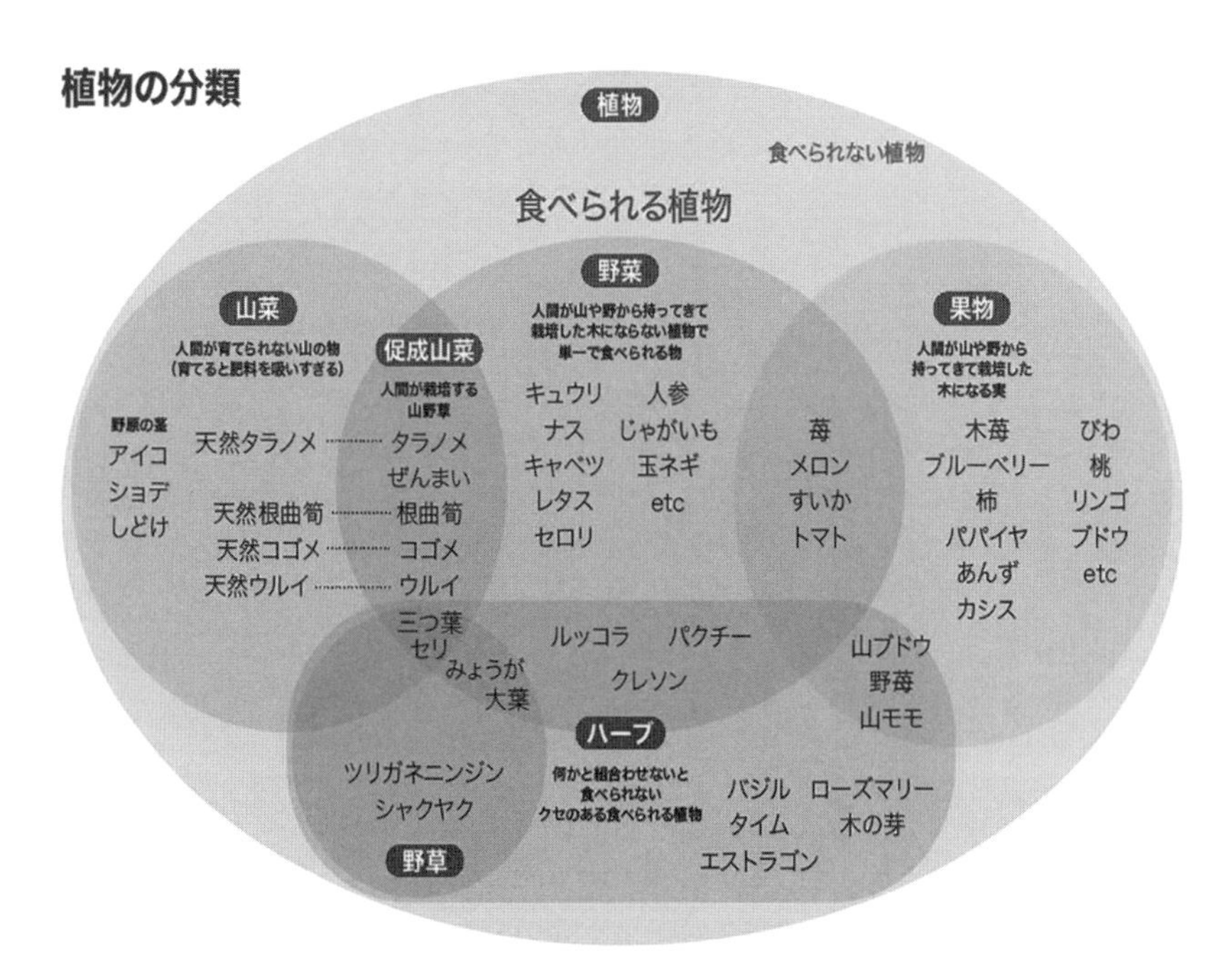

生存戦略として食べられる植物の環境ごとの分類図

自然栽培と食材

一流のシェフのなかには「野菜の味は育った畑や生産者の人柄で変わる」という人が少なくありません。野菜には、野菜自身の「遺伝子がもつ味」と「環境のさまざまな要素がつくりあげる味」があるということです。そのふたつが相まって、食材としての野菜の味ができあがります。

私自身の料理の基本は、食材で味をつくるということです。地球上の天然のものがもつ味は、生きものである人間にとって心地よいと感じる味だからです。

食べ進めるにしたがって食材の味わいを感じて、料理人にではなく「キャベツさん、こんな味をありがとう」と思ってもらえるように料理をしたいと願っています。そこに、命や、それを育む環境に感謝し、尊重する「いただきます」という言葉があてはまるのだと思っています。

命に感謝していただくということと関連して、ホールフードという考え方があります。食の分野では、いただいた命の全体（ホール）を食べる食べ方を指すことが多いようです。動物なら頭から尻尾まで、植物なら皮ごと全部ということですが、実際にはもちろん、できるだけ丸ごとということになります。

けれど、ホールフードとは本来、もっと広い意味をもっています。食も暮らしも農業も環境も、すべてつながっているという考え方です。

こういった考え方のもとに、自然栽培で野菜を育てたり、よい食材をできるだけ活かしながら環境や地方色に配慮した形で加工したりする生産者も増えてきています。ホールフードを意識して調理を行うシェフも増えています。私自身、ホールフードは自然がつくりだしたもので、いちばんバランスがいいと考えています。

そのなかの食の一部分として、例えばできるだけ野菜の皮はむかないといったアクションがあります。皮をむかずに食べるということであれば、農薬が使われていないものを好む消費者も多いでしょう。ホールフードを意識すれば、農法にかかわらず地球につながる意識で生産された野菜を選びたいという消費者もいるでしょう。

そのなかで、地球とつながり自然を模して、大地に根ざした在来の種を育てる農法があります。自然栽培と呼ばれる、そのような農法で育てられた野菜は、自生していた植物の状態に近くなっていきます。栄養を吸う力や、野生味が強くなることもあります。

野菜の風味を強く感じすぎた場合、私たちは料理という方法でそれらをおいしさに変えることができます。「遺伝子の味」と「環境のさまざまな要素がつくる味」に「調理」を加えて食卓に運びます。

地球や自然にもとづく命の輝きを生かして育てられた素材の味、それを尊重した調理、それらによって、食も脳も環境も、すべてのつながりを意識して、丸ごとよりよい暮らし、よりよい生き方をできる時代に私たちはいます。

おいしい食卓が幸せをもたらす

仕事上の食事の席や接待の食事で、味がよくわからなかったという経験はありませんか。これは気分の問題だけでなく、体のシステムとして自然なことだといわれています。難しい話をすると舌の上で味を感じる器官である味蕾（みらい）がしまり、味をうまくキャッチできないそうです。

楽しくリラックスした食卓では、味蕾が開いて味をよく感じ、おいしく食べることができます。笑顔がある食事は、それだけでおいしさがアップするのです。

さらに、同じものを食べると気持ちが同じ方向をむき、ひとつになります。「同じ釜の飯を食べた仲間」という言葉は、まさにそれを表しています。おいしいものを一緒に食べている相手には、同意がとりつけやすくなったり、依頼がとおりやすくなったりします。

親しい人と食卓を囲み、ワイングラスを仰げば未来を語りたくなります。盃をのぞき込むようにして飲む日本酒の席では、思い出や心の内をしみじみと語ることが多くなります。食事のスタートにフラットな感覚で飲むビールの場合は、日常のことや現実的なことが多く話されます。食事やお酒の選び方によって、話す内容や雰囲気が変わるのです。

私がお伝えしたいことをまとめると、食は農や環境につながっているということです。健康や生き方に関わることだとお伝えしました。さらに、人の気持ちも直接、大きく左右するものであることもお伝えしました。それは多くの人にとって経験上、納得いただけることと思います。

それだけに、食の可能性は限りなく広いものなのだと思います。食に携わる者として、私もその大いなる可能性に挑戦していきたいと思っています。

人をつなげ、地方をよみがえらせる食の力

レストランはお客様が楽しみにくるところです。おいしい食事を出してお客様を楽しませるのが私の仕事です。

同時に、植物の世界のことを人間界に伝えるための使命をもらってここにいると考えています。自分はなんのために生まれてきたのか。それを極限まで問い詰めて、その答えを出しました。私の使える術は料理なので、植物の気持ちや植物界のルールを料理で伝える

こと、料理で植物界と人間界の橋渡しをすることが役割なのだと。

ここに来るまでには、たくさんの試練や岐路がありました。料理のことであれば、例えばある植物と共鳴する動物性タンパク質を見つけるために、同じ植物をずっと食べ続けるということもしました。自分はこの植物が好きだという自己暗示をかけ、植物に恋をした状態で食べ続ける。ずっと食べ続けて脳内ドーパミンが消えてから冷静に見てもやっぱり好きだとなれば、それは愛です。その愛が料理になってみなさんに伝わり、喜んでいただけることが、私の喜びです。

私が料理人として自分の店をもち、本格的に歩み出したのは、自分が生まれ育った山形県の庄内地方、鶴岡です。東京での修行を終えて故郷に戻り、なけなしの資金をつぎこんで地場イタリアンを掲げた店をオープンさせました。

鶴岡を選んだのは、自分がこの地に生まれたということには必ず意味があると思っていたからです。そうして、やはり意味はありました。

山形には在来野菜と呼ばれる、農家の人々が代々種を受け継いで育ててきた固有の野菜が数多く残っています。その多くは土地と強く結びついた農法で育てられています。

その土地の在来野菜のなかには、継承者がいなくなり消えてしまって、今ではかつて存在したことさえ忘れられてしまった野菜もあるといいます。山形にも失われた在来野菜はありますが、それでもまだ残っています。今ここから守っていくべき野菜がたくさんあるのです。

そのなかのひとつに藤沢カブがあります。私は藤沢カブに恋をして、いろいろなところに紹介しました。新聞記事やテレビ番組で藤沢カブがとりあげられるようになったあるとき、ふと気づいたのです。自分の術で藤沢カブをおいしく料理していただけでなく、自分も藤沢カブに術をかけられ、使われていたのだと。もちろん、それはうれしいことです。

そうやって植物界のことを学び、術をかけたりかけられたりしながら、確信したのが、地方にはそれぞれ素晴らしい食材がいくらでもあり、食は地方を元気にする力があるということです。自分の料理で植物界のことを伝えるだけでなく、地方を復活させることができるということです。そして、食には人と人をつなげる力があり、人と自然、人と未来をつなげる力があるということです。

山形だけでなく全国を訪れて、その土地の生産者さんと会って話し、植物だけでなく、魚も肉も加工品にも恋をすることを続けています。食べてくれるお客様はもちろん、生産者さんに、「この野菜をつくっていてよかった」「この仕事をしていてよかった」と喜んでもらいたい。食材を料理にするときには、そのことも強く意識しています。

おいしい料理は、料理人だけの術ではできません。素材の力を活かすのが料理ですから、素材のポテンシャルが大切です。それを生み出すのは生産者さんであり、素材が育まれる環境であり、人と人のつながりです。すべてがつながって、幸せな食卓へと結実するのです。

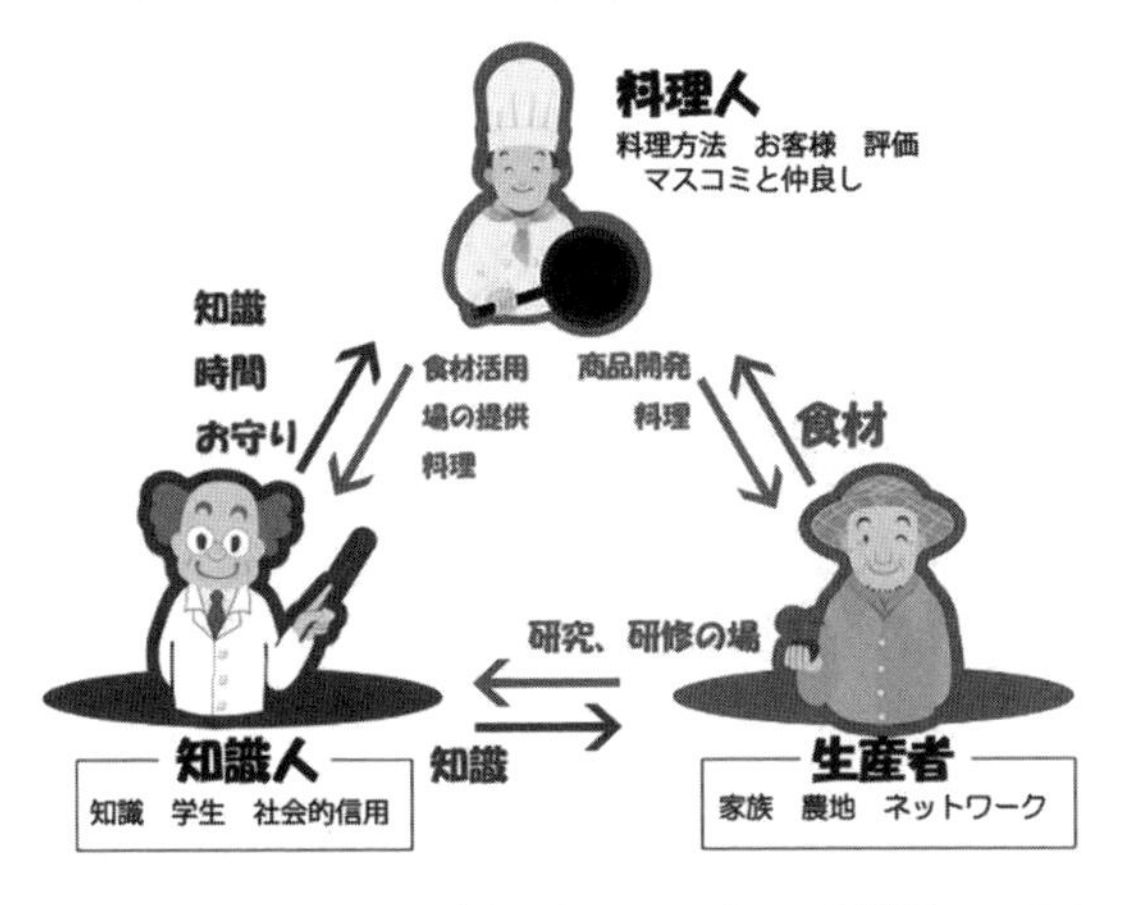

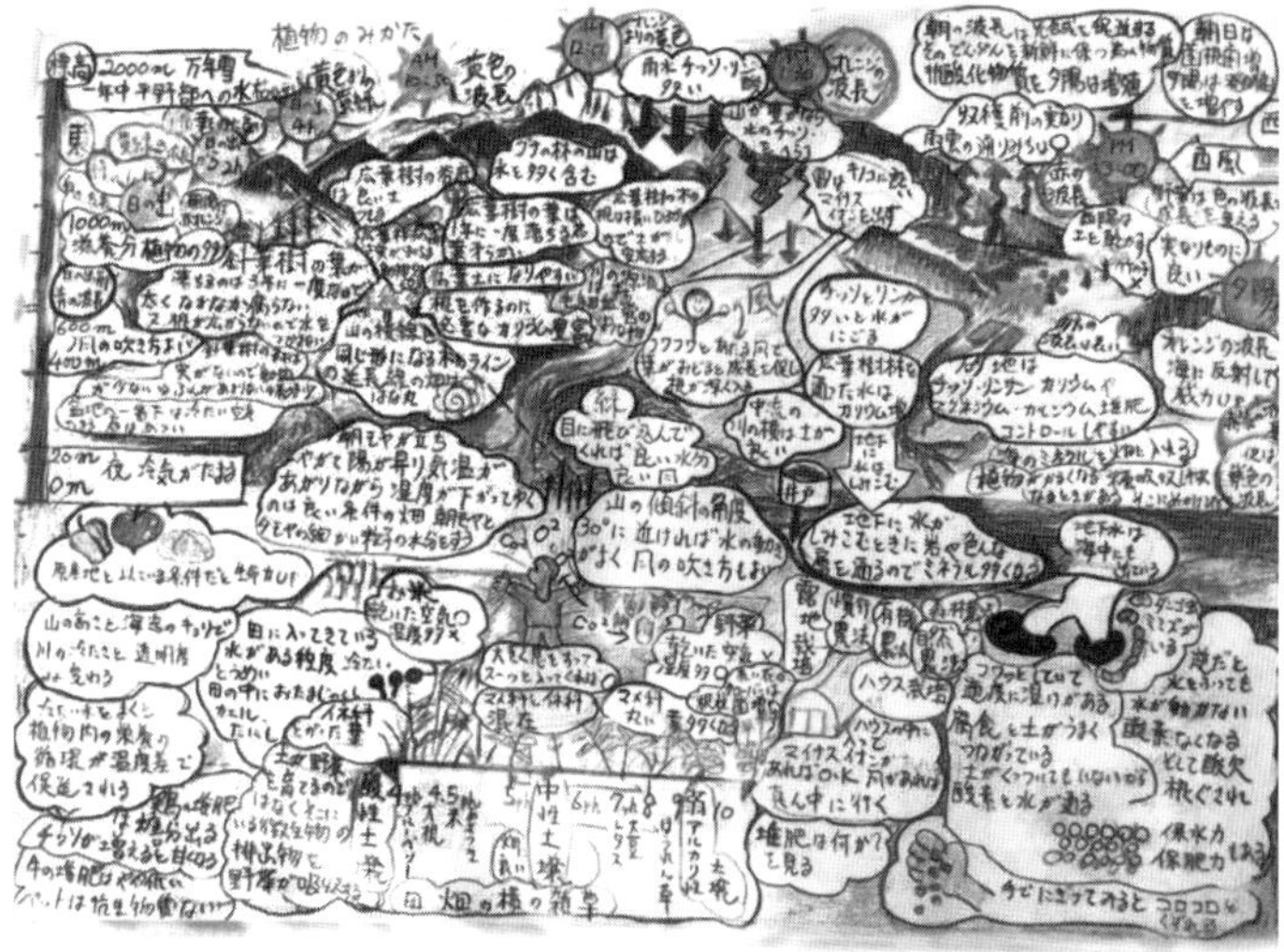

自然環境における植物の見方を示す奥田シェフ手書きの図

プロフィール

奥田政行

（アル・ケッチァーノ、YAMAGATA San-Dan-Delo、イリエスケープ他シェフ）

1969年　山形県鶴岡市生まれ。
鶴商学園高等学校卒業後、東京にてイタリアン・フレンチなどを修行。
2000年　鶴岡ワシントンホテル洋食料理長、農家レストランJ・Farm穂波街道料理長を経て、旬の地元産のこだわり食材を使ったイタリアン「アル・ケッチァーノ」をオープン。
2007年　カフェ&ドルチェ「イル・ケッチァーノ」オープン。
2009年　東京・銀座にて「YAMAGATA San-Dan-Delo」オープン。
第1回辻静雄食文化賞受賞，世界野菜料理コンテスト『The Vegetarian Chance』世界3位、農林水産省「地産地消等優良活動表彰」、文化庁長官表彰など国内・海外で数々の受賞歴を持ち、幅広く活躍。

第4章

食を支える農業に多様性を求めて

著：赤穂達郎（自然栽培農家）

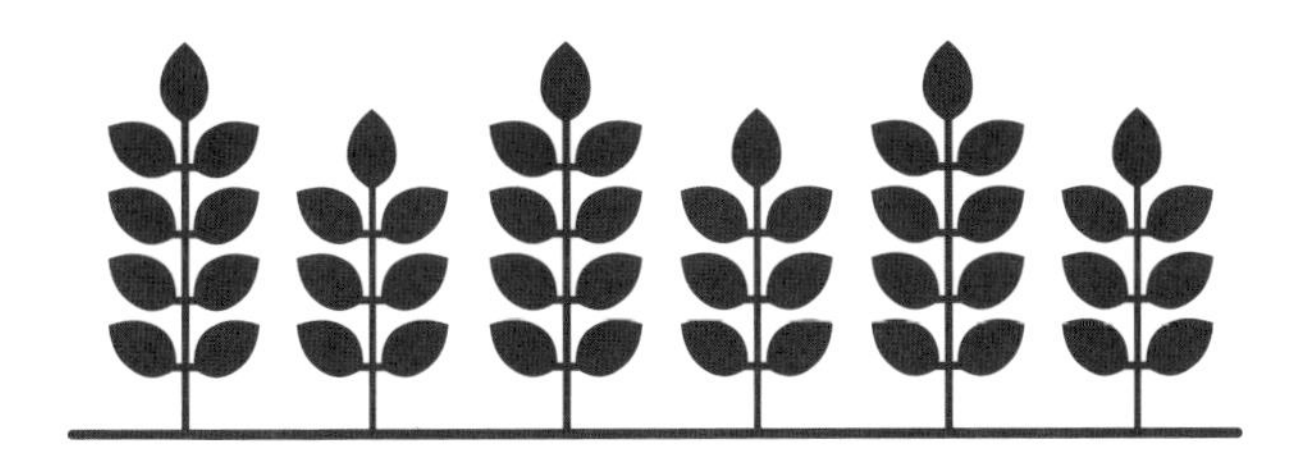

農業の多様性のなかで自然栽培を手がける意味

航空機や自動車の製造に携わる仕事をしていたサラリーマンの私が自然栽培農家になったのは、人間の生命活動に関わる源流的な部分で仕事がしたいと思ったからです。以前の仕事にもやりがいがあり、好きな仕事でしたが「必ずしも自分でなくてもいいのではないか、もっと自分にしかやれないことがあるのではないか」と考えるようになりました。

自分の強みが発揮できる本質的な仕事はなにか？　どんどん掘り下げて追求していく中で頭に浮かんだのは、人間が生活を送るために必須である衣・食・住でした。なかでも誰もが必要とする「食」の材料を育てる農業こそが自分に与えられた役割でないかと考えました。

その農業の中で、農産物を栽培する自然栽培を実践している理由は、かつて頂いた自然栽培の野菜があまりにも美味しく感動的で、自分がその野菜を買いたいと思ったからです。しかし、当時はほとんど流通していませんでした。であるならば、自分たちがやろうと決心しました。同時に自然栽培が日本に適した栽培方法であるとも感じていました。

しかし、専業で、自然栽培に取り組むには経済的に成り立っていなければ続けることができません。農産物をきちんと育てることはもちろんですが、それを販売するということは、お客様の満足が必要となります。それはつまり、顧客ニーズを満たすことです。なので常日頃考えているのは、お客様が喜んでくださる農産物をつくりたい、そしてもっと自然栽培への理解を広めたいということです。

私は、他の栽培方法より自然栽培が優れているとは思っていません。いろんな方法があって、それぞれに良さがあると思っています。他の栽培方法があるから自然栽培もやっていける。自然栽培が得意でない部分を他の方法が補完していると感じています。その中で、私は自然栽培という方法で貢献し、自然栽培の農産物を求めるお客様のニーズに応える役割を全うしようと考えています。

私が就農活動をしていたころは、自然栽培に対する周囲のご理解もなかなか困難な印象でした。特に「収益を上げられず、すぐに辞めて出ていくだろう」と言われることが多かったです。

そのような状況を変えるためには、自然栽培でも収益は上げられ、持続性があることを実践して証明することが重要であると考えるようになりました。そうすることで、次の世代へつながる持続可能な農業の一つの道筋を示すことができると考えています。

自然栽培だけに関わらず、○○は、地球環境にやさしいという考え方があります。これは視点によって評価が変わるため正解の難しい話です。植物から見た場合、昆虫から見た場合、哺乳類から見た場合など、どの生命体から見た話しなのかで結論が変わると思います。結局のところ、人間の考える地球環境というのは人間が生存し続けることのできる環境のことだと思います。

ですので、まずは、次世代の人々が存続し続けることのできる環境を作ることが今を生きる人たちの役目なのではないかと思っています。そのための一つの手段として、自然栽培は持続可能性があり、経済的にも再生産可能であると考えています。そのカタチづくりを私たちのミッションとして、同じ志を持つ仲間たちと日々取り組んでいます。

私たちが考える自然栽培

私たちの考える自然栽培とはどういったものか端的にいえば「自然の循環を模範にした栽培方法」となります。

圃場やその周囲の自然の循環の中で育てるので、その循環の中に本来存在しない農薬や肥料を畑に加えるということはしません。また世代を重ねていく中で特徴(形質)が固定された品種である固定種の種を用いています。

自然栽培といっても、自然そのままではなく模範にするということがポイントです。自然のままを畑にしたなら、どこに何が育つかわかりません。特定の作物を収穫するために、

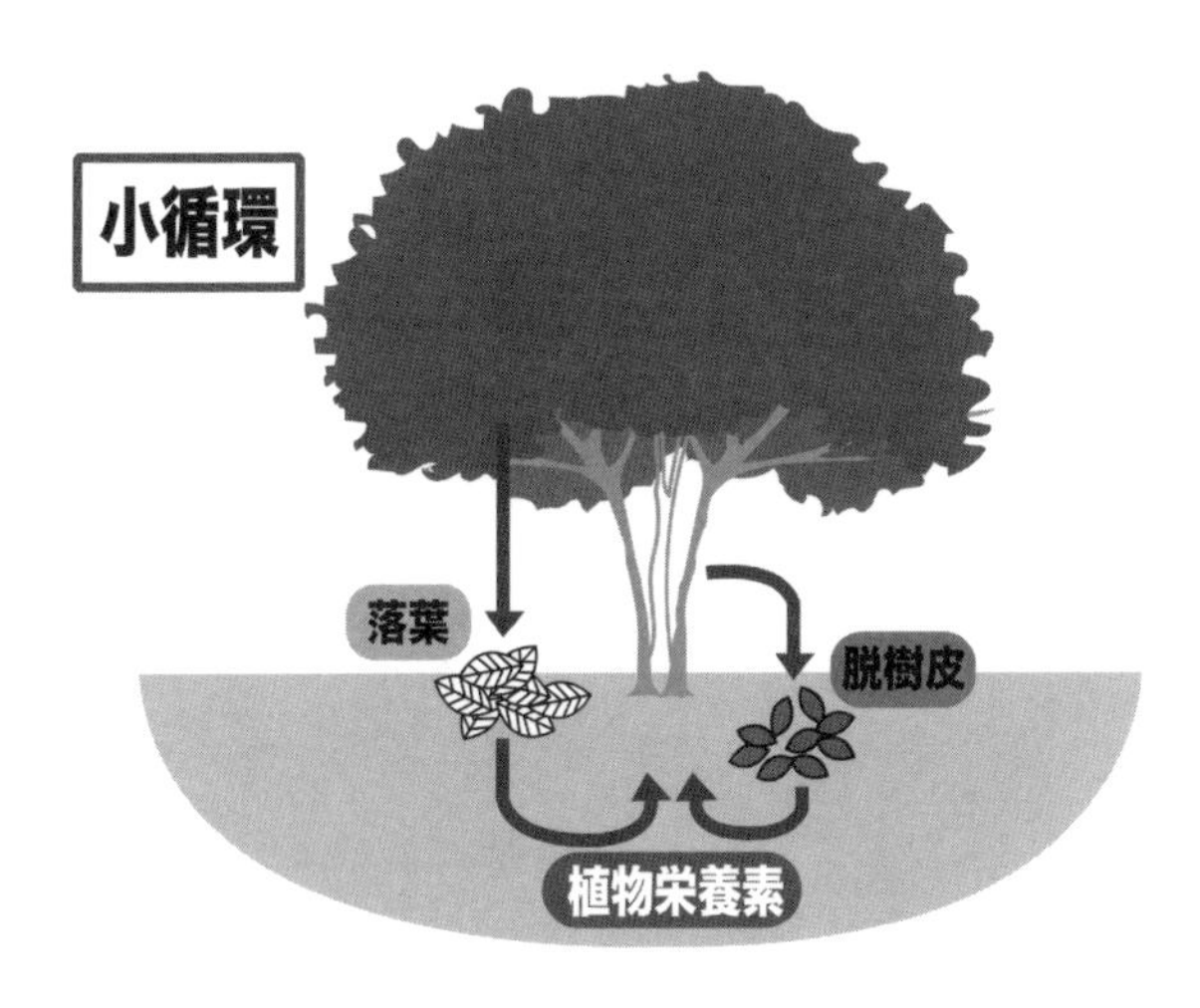

木の周囲を例にした自然の循環図

自然を模範としながら目的の作物を収穫できるように人が手を加えて栽培します。

自然界における木の成長を考えてみます。木が実らせた実（種）が地面に落ちて芽吹き、木が育って葉がつきます。地面に落ちた葉は土のなかの微生物によって分解され腐葉土になります。植物は腐葉土の栄養分を根で吸い上げて育ち、実をつけます。この循環が、季節や環境に合わせて繰り返されています。

自然栽培では、その循環を圃場のなかで繰り返させます。育てたい植物の種をまき、収穫しながら一部は土に還して循環させます。特定の野菜を育てるという目的があるので、他のものが生えすぎたら、目的の野菜が負けないように他のものを抑えることもします。いわゆる草取りです。

自然栽培だけでなく、農業の多様性が農業の持続可能性を高めていく

例えば草を刈ったり、状況によっては、マルチと呼ばれるごく薄いプラスティックフィルムを地表面に敷いたりします。マルチには地温や土壌水分の保持などの効果があり、雑草を抑制する働きもあります。このように、肥料や農薬は使わずに、資材やテクニックを駆使して特定のものを栽培し、収穫していきます。いずれはこの資材も循環可能なものにしていきたいと考えています。

とはいえ、自然栽培だけでは、日本の全人口で必要とされる野菜の収量をまかなうことは難しいでしょう。その点を補完するために、その他の栽培方法があります。多様性に満ちた栽培方法が色々ある中で、私たちは自然栽培をより多収にし、より安定的に栽培できるよう仕組みづくりを進めます。それぞれが弱点を補完し強みを活かしあうことで、調和に満ちた完全なるもの「和」が生まれると思っています。だからこそ、私たちは、「すべての食卓に自然栽培の農産物を届けたい」という高度な目標を立てて、各分野のエキスパートたちの力を借りながら、その目標達成を目指して日進月歩しています。

農業の多様性

どんな方法でも、完璧ということはありません。

何かが優れている代わりに、どこかに弱点がある。だからこそ、互いに弱点を補えるようバランスの良さや多様性を保つことが大切です。

また、同じことでも場所や時代によって長所にもなり得るし、短所にもなり得ます。その時の環境（社会情勢、人口増減、気象状況など）によって市場ニーズが変化します。その変化に素早く対応するには、様々な選択肢をもっている必要があります。とある一つしか方法がなければ、解決するかしないかの二択になってしまいます。そして万一、後者であるのであれば持続可能ではないということになります。

野菜の栽培方法も例外ではありません。

さまざまな栽培法が、互いのメリットを尊重しあい、デメリットをカバーすることで全体の調和につながり、いろいろなことが円滑に進むようになると考えています。

それは、自然栽培と呼ばれる栽培方法のなかでもいえることです。「これが自然栽培」という世界的基準はなく、自然栽培のなかにも多様性があるということです。

では消費者として何をどうやって選んだらいいのかというと、それは、自分で調べ、考え、自分にフィットしたものを選べばよいと思います。自然栽培と書いてある野菜だからではなく、自分に合うもの、自分が求めているものを選ばれたらよいと思います。

また、多様性と日本を考察してみると、意外かもしれませんが、日本という国は、多様性にあふれ、文化的にも多様性を大切にしてきた国だと思います。例えば神仏習合という考え方が奈良時代よりあり、神様も仏様も崇拝しています。神道と仏教という2つの異なる教えを融合し調和する考えはいまでこそ当たり前ですが、当時は画期的なことだったと想像されます。

また、八百万の神と呼ばれる神様たちがいて、神という存在も多様です。多様な文字も使います。ひらがな、カタカナ、漢字、ローマ字、数字、はたまた絵文字など、こんなにたくさんの文字を使い話す国は他にありません。「ノーと言えない日本」などともいわれますが、それは、YESでもNOでもない、まあまあというどちらでもない言葉を使い極端に偏らないように調和する力があるということです。つまり中庸（片寄らず中正なこと）

を得て、調和や理解を重んじるという日本の長所でもあります。その文化を活かしてきたからこそ、太古より王が一度も途絶えることなく日本はここまで発展してきました。

かなり壮大なお話になりましたが、本論に戻しますと、自然栽培も、土壌微生物をはじめとする、地球上の生物の多様性を栽培に活かす栽培方法です。そのため、多様性を認める文化・風土のある日本に合ったやり方だと考えられます。だから、自然栽培を提唱するのは日本人が多い理由も、日本に適しているからなのだと考えています。

先述の土壌微生物の多様性についてもう少し詳しくお話ししますと、土の中にはたくさんの微生物が生きていて、木や草、わらなどを分解し、土に還していきます。一種類の微生物がすべてのものを分解するのではなく、それぞれできることや得意なことが違います。そのため、微生物の種類が減ることによって、とある特定の微生物しか処理できないものは分解が進まず、正常な循環が滞る可能性があります。

また、話は変わり、生産活動という視点でお話ししますと、ひと世代前、高度経済成長期の日本は、戦後の復興から生産と経済を発展させていくために必死でした。それが国民全体の目標といってもいい時代でした。そのようなフェーズでは、大量生産、大量消費方式が、つまり多様な状態よりも一様な状態のほうが効率よく発展することができました。

そういった時代背景のなか、効率を追求したことで生まれた有益なものもたくさんあります。その有益なものによって、ある程度の生活水準を維持できるようになりました。車があり、テレビもあり、インターネットもある。そんな時代になりました。

農業においては慣行栽培のような効率的な手段も確立しました。マニュアルに沿うことで、ある程度収量が確保できるという体系化はすばらしい面があります。そのおかげで食糧生産が安定し、より多くの命が救われ、誕生してきたことは間違いないことでしょう。そんな過程を経て社会全体が大きく発展した今だからこそ自然栽培という手法も可能なのだと思います。つまり、今の自分があるのもご先祖様の活動のおかげなのだと感謝しています。

そして現在はどんどんニーズが多様化し、自分が好きなもの、自分にマッチするものを選択する時代です。その中で自然栽培の農産物がほしいというニーズに対して選択肢を提供できる役割になりたいと考えています。そのニーズの広がりにしっかりとお応えできるよう、自然栽培の農産物の供給量を増やし、顧客ニーズにお応えしていきたいと考えています。

肥料や農薬がなくても作物は育つ？

「肥料を与えなくても育つのですか？」「農薬を使わないと虫に食べられてしまいますよね？」この2つは自然栽培をやっているとよく聞かれる2大テーマです。

結論から申し上げますと、肥料を与えなくてもそれなりに育ちます。しかし、肥料をあげたほうがもっと育ちます。また、農薬は使わなくても、あまり虫には食べられません。ただし、条件によります。条件が整っていないと虫は来ます。その条件というのは後ほどお話させていただきます。

まず肥料についてですが、自然の野山には誰も肥料を入れに行っていませんが、太古の昔より永続的に育っています。もっと人工的なところでいうと、河川の土手に生えている草などは毎年業者さんに刈り取られ、燃やされたり、牧草ロールとして持っていかれたりします。ですが、翌年もやはり草が旺盛に生えてきます。私の地域でもありますが、10年間見ていても草勢が落ちてきたなと感じることはないです。そう考えると、この地球上で育っている植物の大部分は肥料を人為的に与えられていませんが、途切れることなく育っています。

収奪という観点でも、生育中に動物に食べられることがありますが、それでも全滅する

微生物との共生関係を最大限利用し、肥料を用いずに行うのが自然栽培

ことなく再生し、持続しています。

では、養分がなくても育つのかというと、そうではありません。

植物が育つには、一般的に言われている栄養素（窒素、リン酸、カリウム、ミネラル類など）が必要です。それらの主な原料が有機物で、その有機物の分解や合成などに関わっているのが微生物です。そしてなんと植物は、その原料である有機物を水と二酸化炭素と光エネルギーを使って作り出すことができます。これが光合成と呼ばれている作用で、このような生物を独立栄養生物といいます。対して私たち動物は一部の例外を除き、自ら有機物を作り出すことができません。独立栄養生物を捕食することでエネルギーを得る従属栄養生物です。

ゾウやキリン、ウマやウシなどの動物は、

あんなに体が大きいのに、植物だけを食べて生きています。不思議に思っていましたが、植物の偉大さに気づかされるばかりです。私たちは動き回って有機物を探して捕食する必要がありますが、植物はその場に根を下ろし、動かずとも自ら有機物というエネルギー体を作り出すことができるのです。そう考えると、肥料を与えなくても植物が育つのは当然なのでしょう。その上で肥料を与えると、より早く大きく育つということを活用したのが、現在一般的に行われている栽培方法です。

次に、農薬についてです。

農薬は読んで字のごとく、農の薬です。人も弱ったときに薬を使いますが、健全なときには使いません。農薬も必須なのではなく、弱ったときや、もしくは予防で使用するものです。ですので、健全であれば使う必要がないというのは人と同じです。植物も健全でなくなると虫が来たり病気になりやすかったりします。

では、健全な状態になるにはどうすればいいか。

これもまた人と同じで食べ物の影響です。実は養分が多すぎると植物は弱くなります。養分が多すぎると弱くなるなんて、そんなことあるのでしょうか？

少し難しい話になってしまいますので簡単に申しますと、養分過多になると植物の細胞壁が薄くなり、中の細胞質は大きくなります。一つ一つの細胞が大きく、壁が薄いブロックを積み上げて形成しているイメージです。細胞質の主成分はタンパク質で、プルンと柔

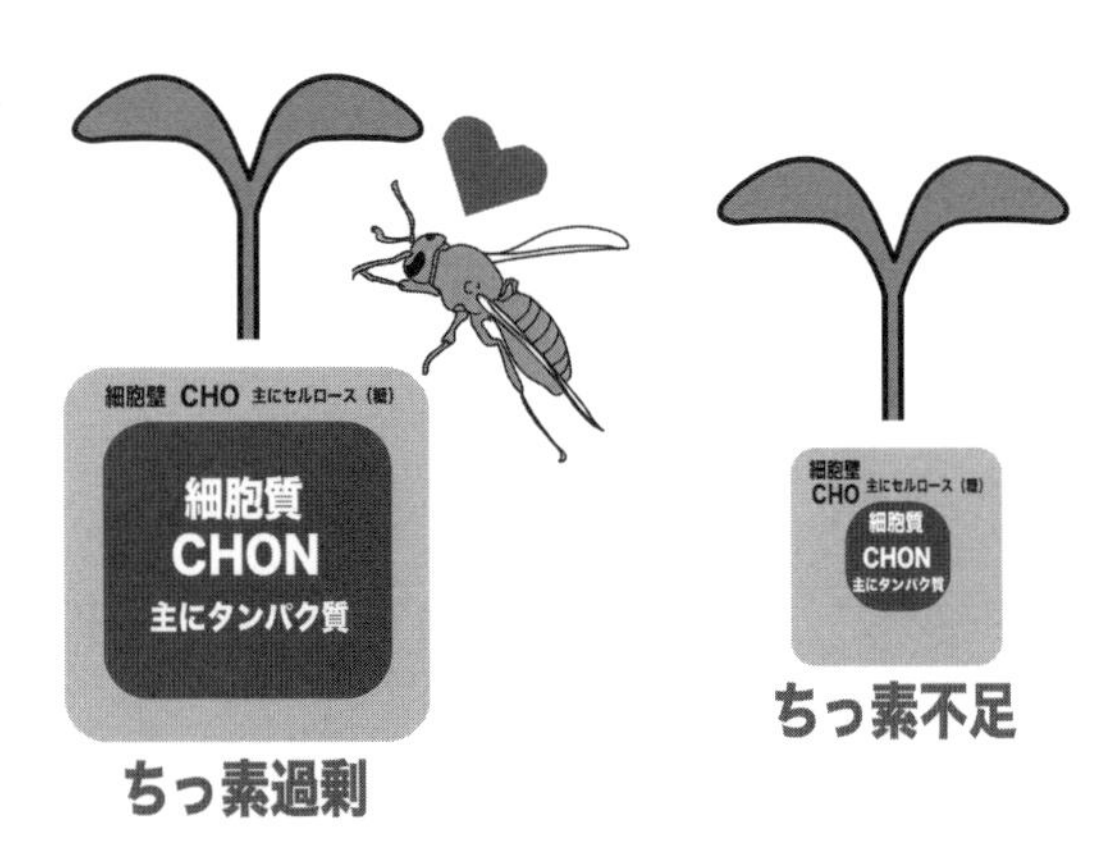

**養分過多になることで細胞質が膨らみ、
薄くなった細胞壁の植物は虫の餌になりやすい**

らかいものです。その周りを固い炭水化物の繊維で壁として囲いを形成しています。植物に骨がないのに立っていられるのは細胞壁があるからです。その壁が薄くなると植物は立てなくなり、虫にプルンとした細胞質を食べられやすくなり、病気が入って来やすくなります。これが健全ではない状態です。

もう少し詳しくお話しますと、細胞壁の主成分はセルロースと呼ばれる炭水化物と凝固剤の役割のペクチンです。一方、細胞質の主成分はタンパク質です。

植物は日中の光合成で炭水化物を生成します。そして夜間にその炭水化物と窒素を合成してタンパク質を作ります。窒素は広義な意味で肥料です。窒素が多すぎると、日中に作った炭水化物が夜間にほとんどタンパク質になります。タンパク質が多くなることで細胞質が肥大化し、反対に炭水化物は減少して細胞壁が薄くなるという仕組みです。つまり、炭水化物とタンパク質のバランスが崩れることで、細胞がぶよぶよに膨れたような状態になっていきます。

タンパク質を食べたい虫たちはタンパク質の多い野菜に集まります。細胞壁が薄く、簡単に中身の細胞質に到達でき、たっぷりタンパク質をもつ養分過多の農産物は虫たちの理想の食べ物です。

つまり、肥料をあげすぎて養分過多になると虫が来やすくなり、その虫を駆除するために農薬が必要ということになります。ただし、肥料も土壌診断などを行い、適正に使えば、理想のバランスを狙うことができますし、実際にそのようにされている方もたくさんおられます。

それでも自然栽培にこだわるのは、味の部分です。ただ、美味しさは人それぞれの価値観、好みですので、おいしさは言及せず、野菜や米など農産物のもつ本来の味を醸し出せると感じています。何も入れずに作った、透き通るような、スーッと体に入っていくような感覚は自然栽培ならではだと思っています。

しっかり旨味などを効かせた農産物もあれば、自然な風味の農産物もある。そのような共存と選択の幅がこれからのニーズも踏まえ、よいなと思っています。

味の好みという点では、舌の機能を考えます。

「おいしさ」や「まずさ」という舌からのサインは、人間が進化の過程で獲得した判定機能なのではないかと思います。「おいしい」「食べたい」と思ったものは体に入れていいよという合図で、逆に「まずい」「にがい」などは体に入れてはいけないよという合図だと考えることができます。自分の心や体の状態によっても「おいしい」「おいしくない」と思うものは変わってきます。ですので自分が「食べたい」「おいしい」と思うものを食べれば良い。本来はそういう状態が自然なのだと思っています。

自然栽培と調和

自然栽培を進めるにあたって、よくご質問をいただく内容があります。それは周囲で農業や家庭菜園をされている方との関係です。自然栽培を継続していく上で、周囲との調和は、とても大切です。実は私自身も、自然栽培を始めるときにこの壁に当たりました。自分の考えを誇示すればするほど苦しく、悲しく、つらくなりました。本来楽しくできる農業であるはずなのに、周囲との壁、孤立を感じました。「これでは続かない、これでは意味がない」と熟考し、とある結論に達しました。『すべてが自然だ』ということです。

私たちは、埃(ほこり)の一つですら無から生み出す事はできません。この世にあるすべての物は自然界にあるもの、もしくはそれらを変化させて使っているものです。ということは、すべての生き物、物は自然界にあるものです。なので人間も例外ではなく、自然界とは切っても切れない関係であり、自然の中の一部です。人間は自然を破壊する不自然な存在なのではなく、一つの役割として自然界に居るのだと考えました。とするならば、全ての人が行う行動、またそれに伴う道具、物質の使用も自然なのだと解釈しました。私も自然、あなたも自然、こう考えるとすべてのモヤモヤが吹き飛びました。その中で自分の役割を果たすことが使命なのだと気付きました。

このことは土壌の中にいる微生物の役割分担と同じであり、何かがよくて、何かが悪いのではなく、どれもいるから何でもできる。その中の私の果たすべき役割があると考えています。それが多様性であり、それらを認めることが調和だからです。

儒教の論語で孔子がおっしゃっている言葉に「君子は和して同ぜず、小人は同じて和せず」という内容があります。優れた人は周囲とのあつれきを生まず穏やかに過ごしながらも、自分の考えを大切にしている。つまらない人はその反対である。という意味です。多様性を大切にして調和するということはこの言葉通りだと思いました。他人や他の手段、物事を認める、そして自分の役割を認識し、自分のすべきことを全うする。このように考えると、迷うことなく自身が自信をもって進めるようになりました。

農業の具体例では、共用の畦道は草を刈る。草が生えているのが自然だからとそのままにしていては周囲にご迷惑をおかけするかもしれません。草に対する考え方はそれぞれですし、どれもが正解だと思っています。その中で私自身の考え方もあります。

また、総じて、自然を壊す現代社会は間違っていると言い切ってしまうのも早計かもしれません。事象は盤根錯節であると感じています。見方を変えると、今の自分が生まれてくることができたのは、高度に考えられた食料生産方法があり、高度な文明技術があったからかもしれません。ご先祖様がどうしたらよいのかを考えた結果、今の形があり、自分の存在があると考えると感謝しかありません。その上で、現状から未来に向かって人類が生存し続けるには何が必要か、何をすべきなのかを考え実行していく必要があります。

私たちは、この課題の一つの解として自然栽培を定義し、その実現に向かって取り組んでいきます。多様性と調和をキーワードに、人類が持続可能な世界を創造することがいまを生きる私たちの役割であり、希望だと考えています。

プロフィール

赤穂達郎（Red Rice 自然農園）

１９７６年　京都府生まれ。
１９９８年　日本文理大学航空工学科航空宇宙工学科卒業。東明工業株式会社にて製造部門及び生産・品質管理部門を担当。人が生きるうえで欠かせない食、農業に携わりたいと決心する中、自然栽培に出会う。
２０１３年　「赤目自然農塾」「自然農園あぐりーも」での研修を経て、Red Rice 自然農園を開業。自然栽培での農作物の生産に従事。
２０１６年　製造業にて培った生産管理・品質管理のノウハウを農業に応用し、優れた経営モデルを実践する企業として「京都府 知恵の経営」認定。
２０１８年　農業経営のスペシャリストとして認定農業者に認定。

第5章

「食」がこれからの環境と未来を変えていく

著：夫馬賢治（農林水産省・環境省などの委員会委員）

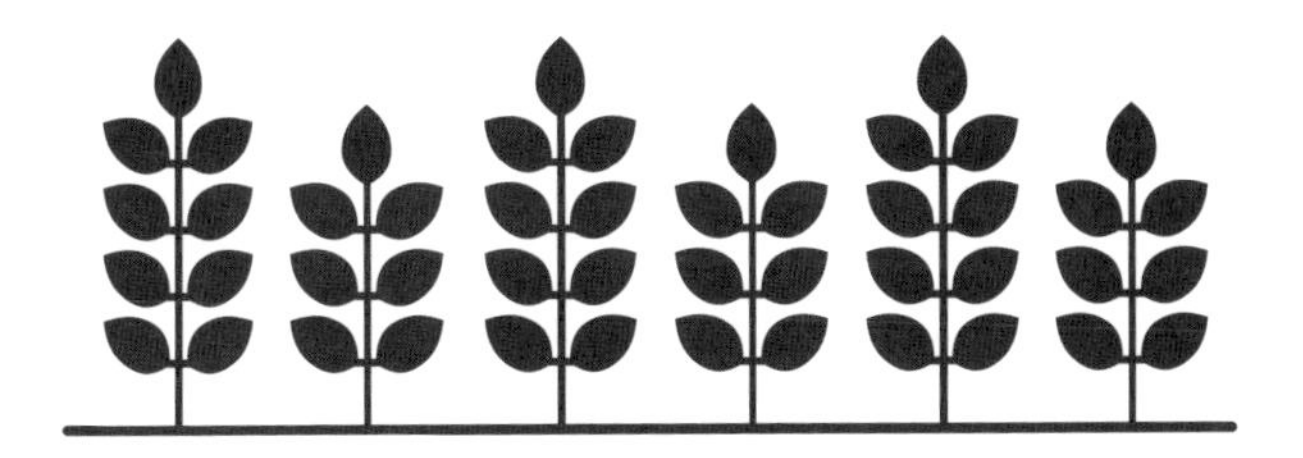

地球環境の実情

食と健康と農業、それらの関係を複合的に考えようとすれば、これらすべての基盤となる地球環境から考える必要があります。私たちすべて、人類だけでなく、この星のすべての生物、そして生態系に関わる問題についてです。

とはいえ、本章で語れることは地球環境という大きく深いテーマの一端でしかありません。ですが、本書の総テーマである農業の未来と絡めて、環境問題を考えるきっかけとなることを願っています。

私たちの住むこの地球は、約46億年前に誕生したと言われています。海が生まれたのが約44億年前のことで、海に生命体が誕生したのが35億年ほど前です。最初はひとつの細胞だけで存在する微生物でした。自然栽培のよりどころとなる微生物は、地球上ではじめて誕生した命だったのです。

35億年という気の遠くなるほど長い歴史の間には、地球が海中まで丸ごと凍ったスノーボールアースという事象や、海洋無酸素事変と呼ばれる、海中まですべて無酸素、または酸欠状態という事象がありました。その他、隕石衝突による恐竜の絶滅などを含め、何度も地球上の生物の多くが死に絶えるということが起きています。

現生人類であるホモ・サピエンス誕生までの地球カレンダー

そして約20万年前に人類が誕生します。

地球誕生から現在までを1年で例えると、現存するヒト属であるホモ・サピエンスの誕生は12月31日の午後11時40分頃ということになります。そのため、1年のなかでまだ我々が誕生してから20分しか経っていないことになり、その20分で人類は地球の様子を大きく変えたことになります。

歴史上には何度も異常気象や地球全体の環境に影響を及ぼす事件や多くの生物が絶滅するような衝撃がありました。そして今の地球の状態は、このままいけば、それに近い危機を迎える方向に向かっていると言われています。

これまでの危機と違う点は、それを引き起こすおおもとが、私たち人間の活動によるところが大きいことです。

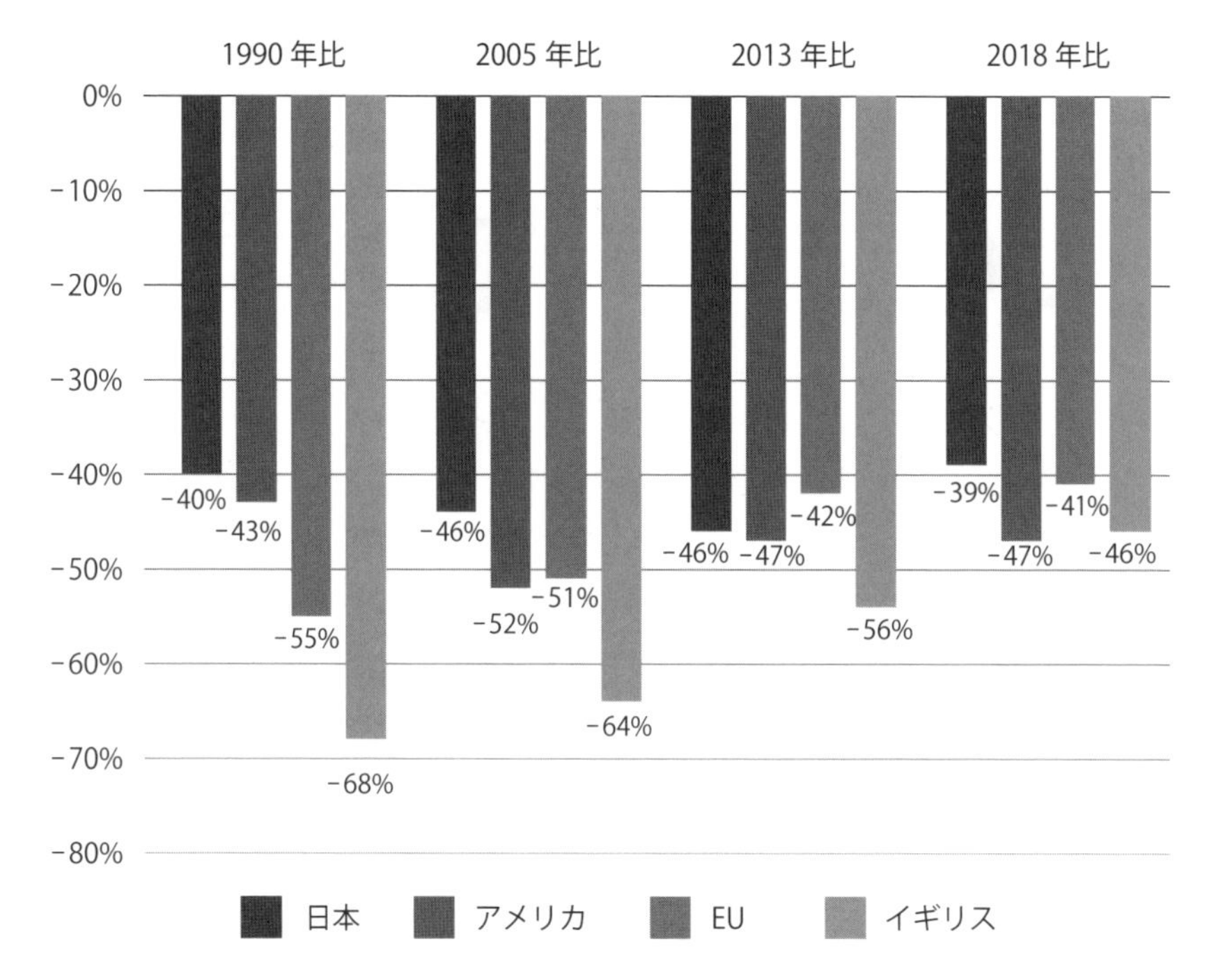

各国の温室効果ガス削減の 2030 年目標の年比グラフ

出典：全国地球温暖化防止活動推進センターウエブサイト

環境破壊は複雑な要因から引き起こされていきますが、人口が急増し、科学の力で地球上にもともとなかったものをつくりだして多用した人類の行いが、地球を様変わりさせる大きな要因であることは、科学者の間で「疑う余地がない」とまで言われています。

温室効果ガスによる気候変動、食糧危機、水不足、土壌劣化……そのほかにも数多くある環境問題ですが、特に農業が大きく関わるものがこれらの問題です。

とはいえ、どの環境問題も漠然としていて「できる部分から気をつけていかないといけないね」というくらいの認識でいる人も多いかもしれません。しかし地球の現状は、もはやそんなに悠長にしていられる状況ではありません。

2015年に190カ国以上の政府が合意した国際条約「パリ協定」では、気温上昇を2℃未満、できれば1・5℃未満に抑えるという国際目標が定められました。そして2021年には1・5℃未満に抑えることが正式に国際目標になりました。各国政府は、それぞれの自主的な削減目標を提出していますが、5年毎にさらに見直すことも決まっています。

主な温室効果ガスには大別して7種類の気体があります。二酸化炭素、メタン、一酸化二窒素、ハイドロフルオロカーボン類、パーフルオロカーボン類、六フッ化硫黄、三フッ化窒素です。

排出量の計算では、この7種を二酸化炭素での温室効果影響量に換算することが一般的です。

そのため、温室効果ガス全体を「二酸化炭素」と表現することが多いので、この章でも、温室効果ガス全体を指して二酸化炭素という言葉を使います。

現在、大気中に排出されている二酸化炭素は、年々増加傾向にあり、国際エネルギー機関（IEA）の報告によると、2021年には363億トンと過去最高を記録しました。それを2050年までにプラスマイナスゼロにしなければ、目標達成の入り口にも立てません。あと30年足らずで二酸化炭素の排出をゼロにするなんて可能なのか。途方もない数字に思えますが、事態はできるかできないかの議論で済む状態ではないのです。しなければ地球の未来、そして私たちの社会の未来はないというところまで逼迫しているからです。

それだけではありません。2050年以降はさらに、二酸化炭素の排出量をマイナスにしなければならない。つまり、二酸化炭素を排出する以上に吸収しなければ、1・5℃目標は達成できないということもわかっています。

二酸化炭素を吸収して酸素に変えてくれるのは植物です。現在、急激な勢いで失われていく森林は、地球生物の存続のためにますます不可欠なものとなっています。二酸化炭素の排出量をマイナスにするためには、森林の再生、海藻の増加、土壌での炭素貯留などの他、二酸化炭素を地中深くに埋めるといった科学技術を実用化していくしかありません。

各国の削減目標

JCCCA

国名	削減目標	今世紀中頃に向けた目標 ネットゼロ(※)を目指す年など (※)温室効果ガスの排出を全体としてゼロにすること。
中国	2030年までに GDP当たりのCO_2排出を 65% 以上削減 (2005年比) ※CO_2排出量のピークを2030年より前にすることを目指す	2060年までに CO_2排出を実質ゼロにする
EU	2030年までに 温室効果ガスの排出量を 55% 以上削減 (1990年比)	2050年までに 温室効果ガス排出を実質ゼロにする
インド	2030年までに GDP当たりのCO_2排出を 45% 削減 (2005年比)	2070年までに 排出量を実質ゼロにする
日本	2030年度において 46% 削減 (2013年比) ※さらに、50%の高みに向け、挑戦を続けていく	2050年までに 温室効果ガス排出を実質ゼロにする
ロシア	2030年までに 30% 削減 (1990年比)	2060年までに 実質ゼロにする
アメリカ	2030年までに 温室効果ガスの排出量を 50-52% 削減 (2005年比)	2050年までに 温室効果ガス排出を実質ゼロにする

各国のNDC提出・表明等、表現のまま掲載しています（2022年10月現在）

各国の2030年までに向けた温室効果ガス削減目標

出典：全国地球温暖化防止活動推進センターウェブサイト

温室効果ガス	地球温暖化係数（※）	性質	用途、排出源
二酸化炭素 (CO_2)	1	代表的な温室効果ガス	化石燃料の燃焼など。
メタン (CH_4)	25	天然ガスの主成分で、常温で気体。よく燃える。	稲作、家畜の腸内発酵、廃棄物の埋め立てなど。
一酸化二窒素 (N_2O)	298	数ある窒素酸化物の中で最も安定した物質。他の窒素酸化物（例えば二酸化窒素）などのような害はない。	燃料の燃焼、工業プロセスなど。
HFCS（ハイドロフルオロカーボン類）	1,430など	塩素がなく、オゾン層を破壊しないフロン。強力な温室効果ガス。	スプレー、エアコンや冷蔵庫などの冷媒、化学物質の製造プロセスなど。
PFCS（パーフルオロカーボン類）	7,390など	炭素とフッ素だけからなるフロン。強力な温室効果ガス。	半導体の製造プロセスなど。
SF_6（六フッ化硫黄）	22,800	硫黄の六フッ化物。強力な温室効果ガス。	電気の絶縁体など。
NF_3（三フッ化窒素）	17,200	窒素とフッ素からなる無機化合物。強力な温室効果ガス。	半導体の製造プロセスなど。

地球温暖化の原因となる温室効果ガスの種類と排出源

全国地球温暖化防止活動推進センターウェブサイトを参考に作成

情報鎖国のままではいられない

日常生活のなかではそんなことには気づかないし、そんなふうにいわれても大袈裟に危機感をあおる脅しや、まやかしのように感じるかもしれません。しかし、先進国の科学者や経済界、政治の世界では、すでにこの危機をどうやって乗り越えるかの議論が活発化し、対策の実行が急務であることが共通認識となっています。

そこに大きく遅れをとっているのが日本です。日本に暮らし、日本のなかで日本語の情報に接しているかぎり、この現状は正しく伝わってきません。情報の発信が、十分にされていないように感じます。

事実を認識している知識人や科学者たちは、世界視野で活動しているため英語で情報を入手し、英語で発信することが一般的です。日本語だけで生活しているかぎり、私たちは情報鎖国のなかにいるといえるかもしれません。こんなにも選びきれないほど情報があふれているように見えるのに、世界の実情を正しく把握し自分の頭で判断するための情報は、本当にわずかだというのが事実です。

情報鎖国のなかにいると、世界の潮流に乗り遅れてしまいます。「でも日本は水も森も豊かだし、飢餓の危機も感じられない」「世界の人口は増えるといっても、日本は人口減少のほうが問題だ」などという声も聞かれます。

しかし、すでに、「日本は大丈夫」「日本の問題は違う」は通用しない時期にさしかかっています。例えば日本の食料自給率は約37％（カロリーベース）です。つまり約6割強を輸入に頼っているということは、世界の危機は日本の危機に直結するということになります。農林水産省もすでに日本の食料安全保障はかなり危ういと警鐘を鳴らしている状態です。

日本に食料を輸出している国に食べものが足りなくなれば、その国は自国を優先し、輸出量を減らします。まずは値上げが起きます。もっと不足した場合は、分けてもらうことさえできなくなるでしょう。どんなにお金を出すといっても、ないものは買えません。

人口が増える。農地や水が不足する。食料がまかなえなくなる。そういった問題は、たとえ今の日本国内にはないまたは感じにくい問題であっても、確実に私たちの食卓や暮らしに影響を与えてきます。

インターネットをはじめとする通信技術や移動手段の発達により、世界が近くなったといわれて久しく経ちます。自宅で世界の情報が入手できる。世界中の人と交流できる。平時であれば、旅行にも行ける。そんな現代であっても、実際は日本語になった情報に触れ、無意識に、「日本はこう」という先入観にとらわれてしまっているということが少なくありません。

「風が吹けば桶屋が儲かる」ということわざがあります。あるものごとによって、まったく無関係と思われるところに影響が出るという意味です。こういったことわざがあるということは、日本の先人も、世のなかの道理として大きな意味の社会のつながりを捉えていたはずです。けれど、このことわざ通りのことが、常に世界レベルで起きているということ、それらが一人ひとりの現実問題であるということを認識している人は少ないのかもしれません。

世界が意識するカーボンニュートラル

地球上のどこかで起きた出来事が私たちの生活に関わるということ。それは世界中、どの国にとっても同じことです。世界が一丸となり、すべての問題を自分ごととして考え、地球環境を守っていくことが重要です。そのための取り組みとして、地球サミットや気候変動枠組条約締約国会議（ＣＯＰ）など、世界の国々が集って話し合う場も設けられています。

記念碑的な会議となったのは１９９２年にブラジル・リオで開催された国連環境開発会議です。地球サミット、環境サミットなどと呼ばれるリオサミットでは「環境と開発に関するリオ宣言」が採択されました。さらに、リオ宣言を履行するための「アジェンダ21」「気候変動枠組条約」「生物多様性条約」「森林原則声明」が採択され、地球環境を守るために世界がひとつとなって取り組むことへの大きなアクションとなりました。

リオ宣言が採択される背景には歴史的な流れがありますが、科学的知見が徐々に揃ってきたこともあり、ここでやっと「これから大変な時代が来るぞ」ということが世界の共通認識になったといえるでしょう。

とはいえ、1992年の段階では、まだどこか楽観視する雰囲気や、今起きている深刻な現状までは見通せていないということがあったようにも思います。2010年頃になると世界各地での自然災害が甚大化してきました。気候変動の影響を確実に実感できる状態になり、地球環境の悪化が脅しではなく、人類がすでに岐路に立たされていることが認識されていきました。

2015年にはフランス・パリで開催されたCOPで「パリ協定」が合意され、2020年以降の気候変動問題に関する国際的な枠組みができました。

ここで注目されたのがカーボンニュートラルです。パリ協定では、今世紀後半のカーボンニュートラルを実現するために、排出削減に取り組むことを目的とするとされています。日本でも、2020年10月の臨時国会で、当時の菅総理が「2050年カーボンニュートラル宣言」を行いました。

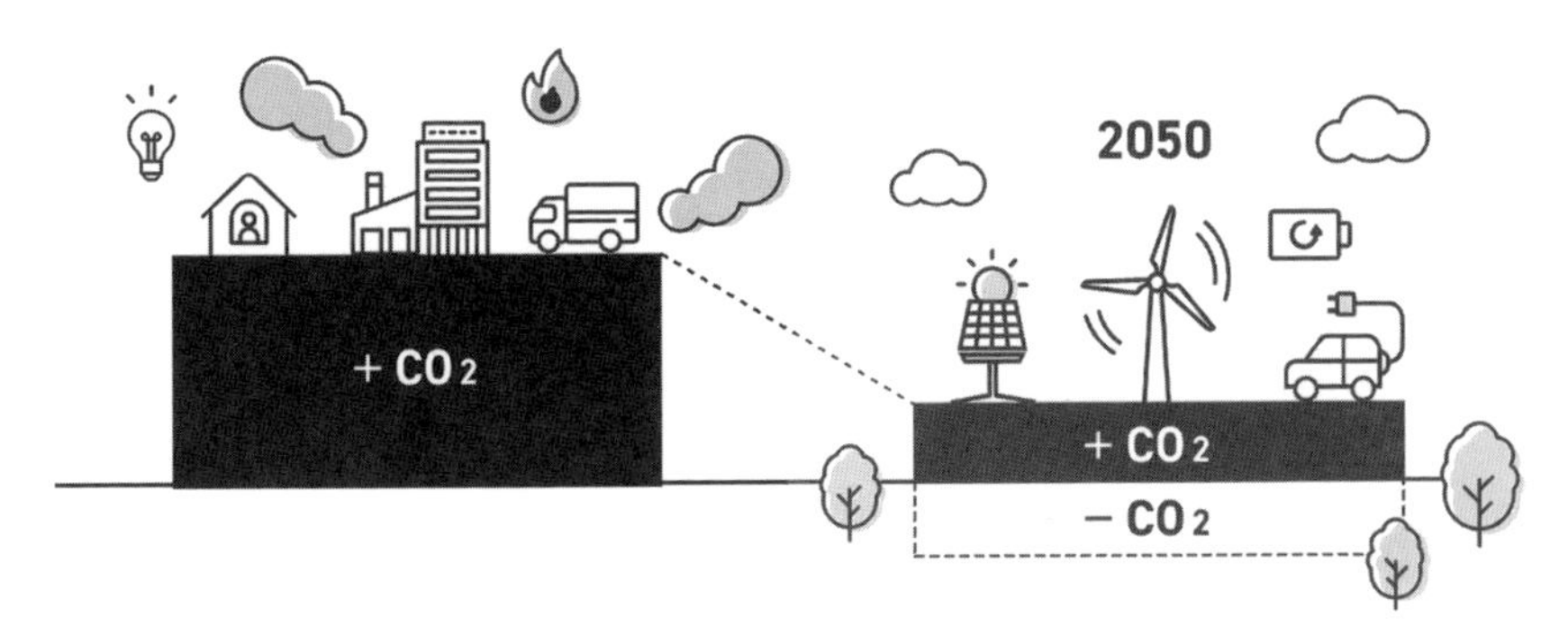

2050年までに温室効果ガスの排出を全体としてゼロにする、カーボンニュートラルを目指す

菅総理の所信表明では「2050年までに温室効果ガスの排出を全体としてゼロにする」とし、それを「脱炭素社会の実現」と表現しています。温室効果ガスの排出を最小限に抑えるのと同時に、排出したガスを吸収し、または除去することで正味ゼロにして、中立（ニュートラル）を目指すということです。

前述のとおり、現在国際合意になっている気温上昇を1・5℃未満に抑える目標を達成するのは容易なことではありません。ですが、すべての国、すべての産業、私たちのすべての活動において、温室効果ガスの排出を抑えることを考えていかなければなりません。

ＥＳＧ投資はいまや世界の常識

すでに世界の常識となっているのに、日本ではまだ知る人ぞ知るという環境分野のトピックはたくさんあります。ＥＳＧ投資もそのひとつです。

ＥＳＧ投資は環境（Environment）、社会（Social）、企業統治（Governance）を考慮して行う投資と、日本では説明されます。つまり、環境問題や社会課題に先回りする行動ができていない企業には投資が集まらず、逆にしっかりと対策している企業には投資が集まり、さらに企業が成長するという仕組みです。環境問題の解決と経済活動がリンクした仕組みといえます。

かつて環境問題の解決と経済活動は、相反するもののように語られることが多いものでした。温室効果ガスによる気候変動問題への対策が長らく進みにくかったのは、経済界からの反発が一因ともいえます。

実際、日本では２０１５年のパリ協定における5年ごとの目標の見直し時期である２０２０年に、温室効果ガス排出削減目標の引き上げは行われませんでした。環境省を中心として目標引き上げの検討はあったものの、産業界の反発が激しかったために据え置かれたといわれています。

これもまた、日本が世界の潮流に遅れていることのひとつといえます。いまや世界の主要国の経済産業界は、温室効果ガスの削減を牽引する立場をとっています。このような動きに対して、当初は一過性のブームとか、企業のイメージアップ戦略とみられることもありました。

けれど現在では、産業や経済を成り立たせるためには環境問題への対策が欠かせないという事実が明らかになっています。ムードやポーズではなく、自分たちが生き残るための手段として、企業や投資家たちは環境問題を解決するためのイノベーションが今後の競争力の鍵を握ると理解しています。

異常気象や食料危機、水ストレスなどが、経済活動のリスクとなり得ることがわかっており、環境を守ることが自身の身を守ることだと認識しているからです。そして、そのための議論や検討の時期は過ぎ、実際に行動にうつさなければいけないときだということを実感しているからです。

そのために欧米では、環境問題を扱うNGOとパートナーシップを組む大企業が増えてきました。自社の活動が環境に与える影響を良くも悪くも監督してもらい、その内容を公表するということも積極的に行っています。

ESG投資は、すでに、環境イメージのよい企業への投資といったものではなく、本質的な対策を実行している企業に対して投資する仕組みとなっています。それが世界の投資

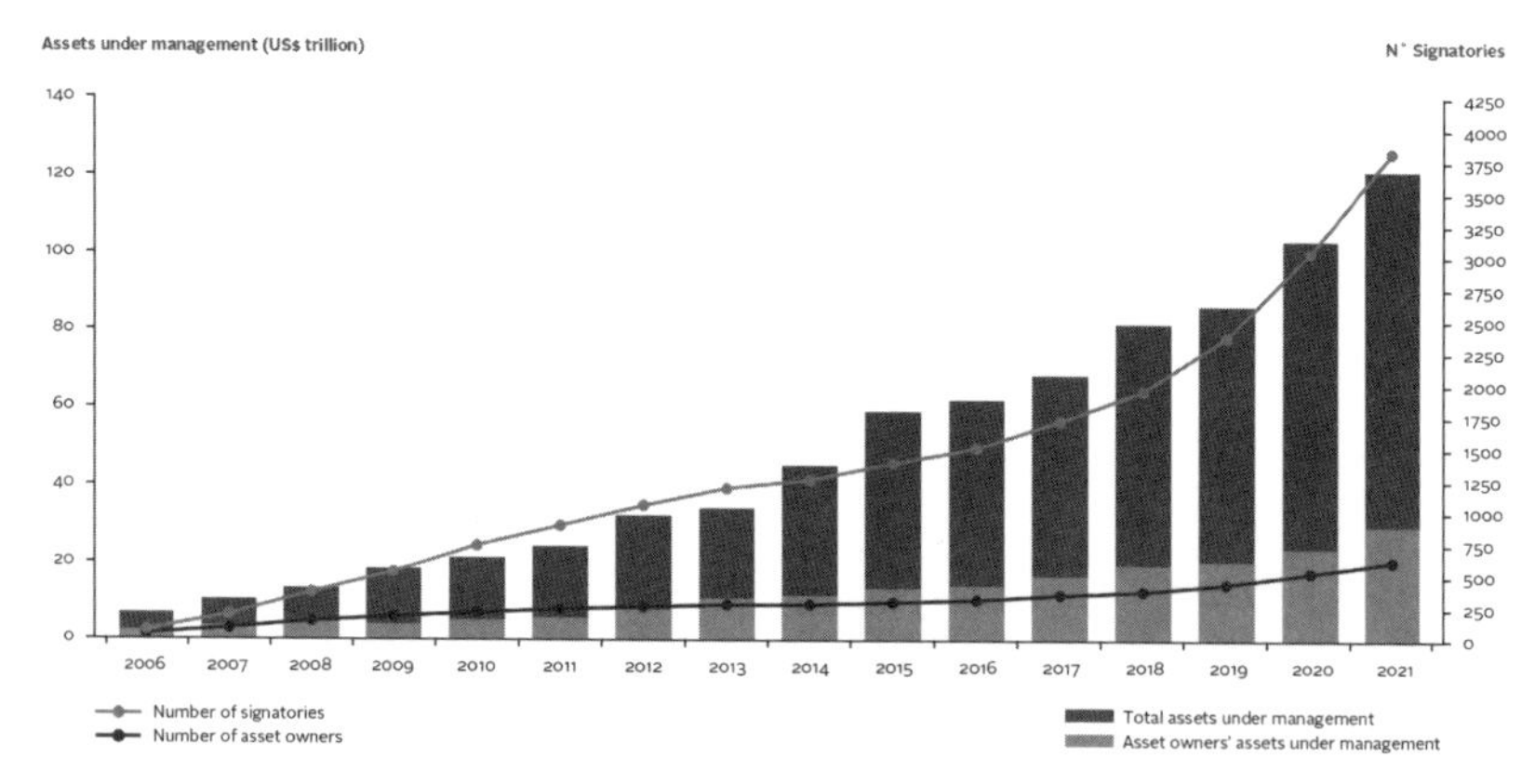

ＥＳＧ投資が環境問題改善への後押しとなっていることが年比で示されている

出典：Principle for Responsible Investment ウエブサイト
https://www.unpri.org/about-us/about-the-pri

家たちの動きといえるでしょう。

ＥＳＧ投資の概念が一般に知られはじめたのは、２００６年に国連責任投資原則（ＰＲＩ）が打ち出されてからです。ＰＲＩは投資家に対し、長期的な視点でＥＳＧ情報を考慮した投資行動をとることを要求するものですが、これは投資家自身が働きかけ、求められて世に出た原則といえます。

それから15年以上が経った２０２１年４月時点で、ＰＲＩの署名機関は約３８２６、運用資産の総額は約１２０兆ドル（約１・７京円）と言われています。これはアメリカの国家予算の約25倍という数字です。

日本においては２０１５年に年金積立金管理運用独立行政法人（ＧＰＩＦ）が署名し、２０２０年には約90の投資機関が賛同していきます。これが世界のなかでどのような立ち位置と見られるか、考え方はそれぞれでしょう。

２０１５年のパリ協定や、２０２２年の昆明・モントリオール目標の採択においても、投資家の影響力は大きなものだったといわれています。各国の投資家たちは政府に積極的に働きかけ、協定の採択とその後の達成に向けて後押しをしています。

食とＳＤＧｓ

ＳＤＧｓについては、日本でも市民権を得てきているかと思います。実は海外ではＳＤＧｓはそれほど知られていないのが現状で、環境を守るための具体的な社会的アクションの代表的存在はＥＳＧ投資です。ＥＳＧ投資からＳＤＧｓを知る人が多いといわれており、日本とは逆の状況です。

日本のようにＳＤＧｓから環境問題を考えると、経済界や産業界、資本主義と環境問題解決のめざすものが一致してきたということがわかりにくいかもしれません。ＥＳＧ投資をスタートとして考えると、経済界、産業界が環境リスクを自分たちのリスクと考え、環境問題解決に重きを置いているという世界的な現状が見えてくるでしょう。

ＳＤＧｓに関しては、日本の企業もようやく最近、積極的な行動をはじめています。ＥＳＧ投資と同様に、現在地球で起きている課題を解決する手段となり、新たなビジネスや画期的なビジネスモデル創出のチャンスであると考える企業も増えてきています。

ＳＤＧｓの17の目標のなかで、本書のテーマである農業に関わりの深い「飢餓をゼロに」に関しては、異常気象による食料不足のほか、食品ロスの問題があります。

日本にいると見えにくいことですが、今、世界には栄養不足に苦しむ人々がたくさんいます。２０５０年になると、その数は20億人にのぼるという試算もあります。世界のあちこちで起きている紛争にも、食料不足や食品価格の高騰による市民感情の悪化が大きな要因であるものが増えているという事実があります。

一方、日本では年間６００万トン以上の食品が、まだ食べられる状態で捨てられていると言われます。世界の食糧不足が深刻になれば、食料自給率の低い日本は食料を確保するのが難しくなります。今から自給率をアップさせようとしても、限られた国土のなか、異常気象が増え続ける状況で、すぐに実現できるものではありません。

一方、食品ロスに関しては、個人の行動で減らすことができます。買いすぎない、作りすぎない、神経質になりすぎない、手に入れた食料を腐らせないようにすることなどは、一人ひとりの注意によって今すぐできることです。

結婚式やパーティーなど、大勢で集まって食事をするときには、特に食べ残しが出がちです。余らせることを前提に用意されるような慣習は変えるべきではないでしょうか。量販店などでは消費期限が残り少なくなると、棚から外して売れ残りとして処理することがあります。そのような食品廃棄もたいへんな量になります。

同時に、野菜など自然の産物である食品に対して規格外という考え方をやめることも必要だと考えます。曲がったキュウリや二股にわかれた大根、ニンジンなども立派な野菜です。これらが普通に店頭に並び、普通に買われて食べられるようになれば、出荷もされずに捨てられる野菜は減ります。

食べることは、誰もが毎日続けるアクションです。だからこそ、誰もがすぐに具体的に実行できることがあります。環境負荷を意識した食品の選び方や食べ方を一人ひとりが意識することで大きな改善を生むことができます。

私たち一人ひとりが「この食品がどのようにつくられたのか?」というように、食品がつくられた背景に目を向けてみたり、「買いすぎていないだろうか?」というように、買うときに自分に問いかけてみたりする。そのように食と向き合い、消費する側の責任に意識を向け、選択していく。そういった意識で一人ひとりが日々行動することが、危機的な未来を少しずつでも変えることにつながるのです。

水の奪い合いという現実

ここで、日本ではあまり危機感のない水の問題にも少し触れておきたいと思います。地球は海の中に陸地が浮かんでいるような青い惑星ですが、人間が直接利用できる真水は地球上の水全体の約2・5％しかありません。そのうちの1・7％は南極や氷河、万年雪などで、0・8％は地下水とされています。水資源として活用しやすい真水は地球全体の水の0・01％未満。約10万立方キロリットルしかありません。

世界的に見ると、その水の約7割が農業に使われています。農業にとって水リスクは関わりが深く、非常に深刻な問題なのです。

今後、気象の変化によって雨が降る場所や量が変わることが予測されています。年間降水量はこれまでと比べてそれほど変化しないにも関わらず、雨の降らない地域が増えるとともに、全体の降雨日が減るといわれています。つまり特定の地域、特定の時期に集中して激しい雨が降るようになっていくということです。

日本は奇跡的といえるほど水に恵まれた国ですが、異常気象による水の災害はすでに増えています。川が多く水の供給が豊かではありますが、その川の状況も悪化していくことが考えられます。

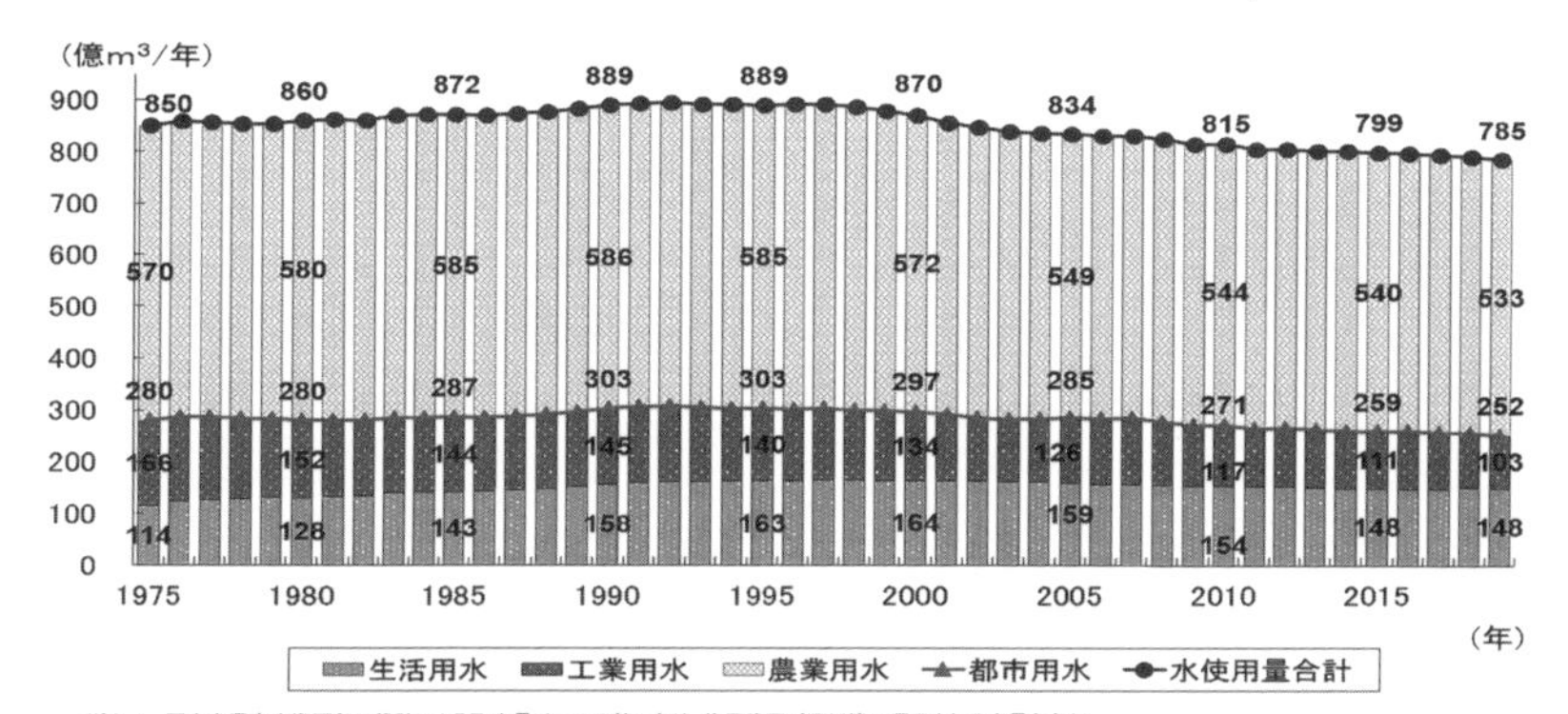

（注）1. 国土交通省水資源部の推計による取水量ベースの値であり、使用後再び河川等へ還元される水量も含む。
2. 工業用水は従業員4人以上の事業所を対象とし、淡水補給量である。ただし、公益事業において使用された水は含まない。
3. 農業用水については、1981～1982年値は1980年の推計値を、1984～1988年値は1983年の推計値を、1990～1993年値は1989年の推計値を用いている
4. 四捨五入の関係で合計が合わないことがある。

国土交通省　水資源の使用状況

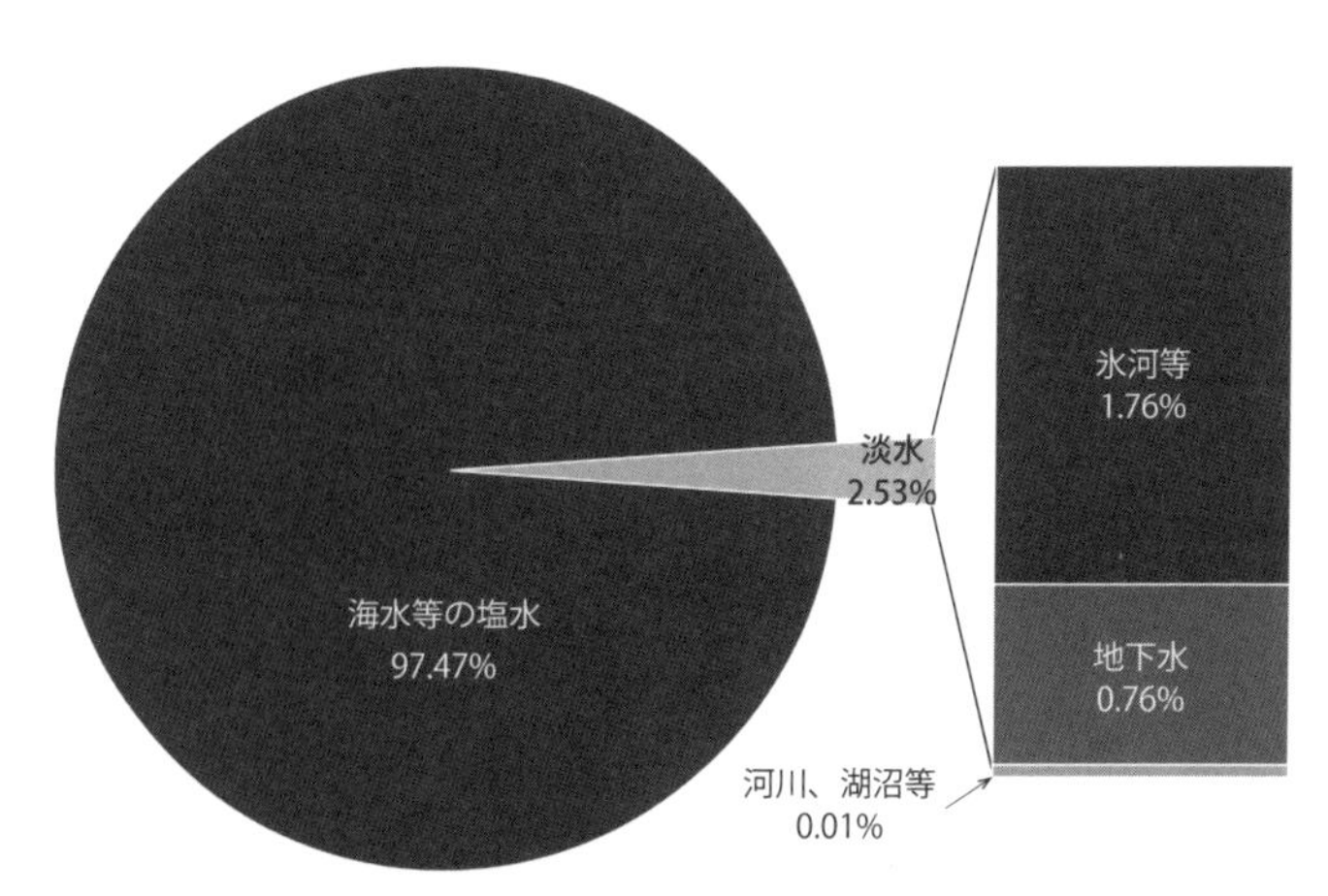

地球上の水 (総量約 13.9 億立方キロメートル) の分布

国土交通省　利用できる水の総量

また、気候変動により積雪量が減り、山岳地にある永久凍土も減っていきます。日本の水の多くは雪解け水なので、春の雪解けで川の水が増え、冬にかけてだんだん減っていき、冬の降雪でまた増量するという仕組みです。そのため、降雪量が減れば川の水も減っていくことになります。すでに、一級河川でも少しずつ水が減っているという事実があります。

これだけ水に恵まれている日本でも、社会が抱える状況は深刻です。それはバーチャルウォーター（仮想水）という概念を知ると、さらに認識しやすくなります。

バーチャルウォーターとは、製品の輸出入から見た水資源を表す言葉です。例えば、食料を輸入している国において、その食料を自国で生産すると仮定したときに必要になると推定される水がバーチャルウォーターです。

日本は食料をはじめ、海外製の製品や各種資源など多くのものを輸入しています。輸入元の国々が水に困れば、それは日本の、私たちの生活にも関わることになります。

バーチャルウォーターという考え方は、日本がどのくらい海外の水資源に依存しているかを測る指標になります。日本は、年間約８４０億トンものバーチャルウォーターを輸入している計算となり、世界一のバーチャルウォーター輸入国となっています。

日本国内で水不足を経験しないとしても、私たちの口に入るもの、日々使うものがつくられている場所が水不足で困っていたら……。例えば、バーチャルウォーターに関して、日本の主な輸入相手国である、アメリカやオーストラリアが水不足になれば、日本の食生活は今のままでは成り立たなくなります。

それはもちろん、日本とその輸入相手国の問題だけではありません。海外に目を向ければ水をめぐる争いが頻発しています。気候変動に関連し、水がない、食料がないといったことから移民紛争、民族紛争につながり、そこから戦争が勃発する。これは歴史的に見て常に起こり得る流れです。

日本の国内では水のリスクは認識しにくい問題です。しかし海外の農地で水がなくなれば食糧の輸入ができなくなります。繰り返しになりますが、地球の環境問題はすべての場所でつながっているのです。

農業・食と環境の関係

地球環境の問題は、本当に大きく深い問題です。その問題の前では、一人ひとりにできることが小さいように思えてしまうかもしれません。けれど、一人ひとりのアクションの積み重ねこそが変化になっていくという、その事実が大切なことではないでしょうか。

本書のテーマである農業もまた、環境問題と深く関わっています。食の生産、輸送、流通などを含め食に関わるもの全体で世界の温室効果ガス排出量の3分の1を占めており、私たちの食生活は気候変動の主要因である温室効果ガスの増加に大きく寄与しています。つまり、食・農業による気候変動への影響は決して小さいとは言えないということです。日本の食料自給率は低下傾向にあります。それはつまり、輸入に頼る率が高くなっているということです。船で運び、倉庫で保管したり、加工したり……ということを考えると、その過程で使用されるエネルギー、排出される温室効果ガスは大きなものになります。

植物を育てる農業は環境にいいもののような漠然としたイメージがあるかもしれません。しかし、実際は、植物をどう育て、どのように食品として消費者の食卓に届けるかによって、環境に大きく負荷をかけてしまうこともあるということを知っておかなければなりません。

畜産で問題視される牛のゲップや、世界で行われている森林の農地化、つまりは森林破壊も日本と無関係ではありません。仮に荒野を農地にした場合は緑化とも呼べますが、実際にはそうではなく、痩せた土地である荒野の農地転用は現実的ではありません。そのためすでに良い土が育まれている森林を伐採して農地に転用するのが一般的です。そして、そのような農地で育てられた作物が日本にも大量に輸出されています。

温室効果ガスの中でも気候変動に大きな影響を及ぼすとされる一酸化二窒素は、農地に撒かれた化学肥料や有機肥料から多く排出されます。一酸化二窒素の温室効果は二酸化炭素の298倍程度と言われています。よって、肥料のまきすぎは気候変動における大きなリスクとなります。

また家畜のゲップや家畜排せつ物などからメタンガスが多く排出されることが知られています。さらに、刈り取ったわらをそのまま農地に放置しておくことによって、そこからメタンガスが発生するということも知られています。これは特に、稲わらを水田に放置してしまう海外の農業において問題視されることが多い事例です。

メタンガスの温室効果は、二酸化炭素の25倍程度と言われており、これも気候変動に大きく関与しています。

また、肥料のまきすぎで栄養分が偏った水が大量に流れることになれば、生態系が崩れます。農薬だけでなく肥料も、生態系に悪影響をもたらすことがあるのです。過剰な農薬や肥料はまず土壌を汚染し、それが雨水に溶けて川に流れ込むことにより、水質汚染という問題にもつながります。

ビニールハウスで野菜を育てるには電気が必要です。その後の配送や加工にも多くのエネルギーが使われ、温室効果ガスが排出されます。地産地消という考え方がありますが、これは地元の生産を活性化するという意味だけでなく、配送の距離を少なくする点で、温室効果ガスの削減にも貢献するアクションと言えます。

農業革命が大きなテーマ

農業が環境に負荷をかける。これを意外に思う人もいるでしょう。日本においては農業と環境負荷はあまり結びつけて考えられないものだと思います。けれど前項から、カーボンニュートラルを実現するためには、農業分野でもするべきことが多いということがおわかりでしょう。

そして来るべき食料危機に向けて、農業がいかに重要な役割を担っていくかも自明です。日本のように食糧自給率が下がっている国は、まず自給率アップの努力をしなければなりません。

作物の収穫量は上げなければならないものの、むやみに森を農地にしたり、農薬や化学肥料を使いすぎたりすることは、環境に大きな負荷をかけ、生態系を破壊することや動植物の多様性を脅かすことにつながります。そうなれば、結局は収穫量を増やすことができません。

今、世界の動きとしては、有機栽培や自然栽培など、環境負荷が少ない農法で、いかに収穫量を上げられるかの研究が盛んになっています。

その一例として、森林を伐採することなく、その土地の循環のなかで作物を育てながら森林を作るアグロフォレストリーなどの農法も注目されています。

カーボンニュートラルを考えれば、温室効果ガスの排出を減らすだけでなく、吸収していくことも考えなければなりません。その点でも、農業には大きな可能性があります。

植物を育てることで、光合成による二酸化炭素の酸素化はもちろん、豊かな土壌を守り育てることで、地中の微生物が多様化し、それがまた土壌を豊かにするという好循環を生み出すことができます。

肥沃な土壌には窒素やリン、炭素が含まれます。そこに微生物の力で二酸化炭素が多く吸収されることで、植物が土壌に炭素を固定させる炭素貯留が実現します。炭素が土壌に貯留されるということは、大気中の二酸化炭素が減るということを意味します。自然の循環のままに生きる植物は、自然に炭素貯留をして大気中の二酸化炭素量を調整しているのです。

すべての農業に関わることとして考えるべきは、化石燃料の使用と温室効果ガスの排出を極力少なくすることです。さらに、生態系が維持・再生されているか、炭素固定がどのくらいできるかにも意識を向けたいものです。それらを意識した上で収穫量とのバランスを図っていくことが、これからの農業に強く求められることでしょう。

今のままの生活では、人類は地球の環境を人類が生きていけないものにしてしまうかもしれません。食と農業を見ても、今のままでは成り立たなくなるのは明らかです。

国民も含め日本という国全体が、自然の循環に沿った農業を奨励したり、輸入する食料がどのように育てられているかということに意識を向けたりすることは、今後、さらに必要になっていくでしょう。同時に、私たち一人ひとりが、自分の食卓と地球環境が結びついていることを認識し、目の前にある食べものがどのようにして成り立って今ここにあるのかに関心をもつこと、そして環境負荷を削減する適切なアクションに結びつけていくことが大切です。

今ここからのアクションが現実になっていく

私は自分が専門とする持続可能性（サステナビリティ）を、総合格闘技に例えて説明しています。環境学や生物学はもちろん、経営学、金融学、法学、社会学、心理学、工学、情報工学、医学ほか、まだまだいろいろな分野が関わるからです。それぞれの分野の「型」や「技」を駆使して事象を判断し、影響を分析することが必要です。

未曾有の危機という言葉があちこちで使われる現代は、これまでの経験や常識だけでは捉えきれない変化の時代です。思い込みを捨て、現実のデータや将来予測をもとに、今後の趨勢を正しく理解していくことが、そして現実にアクションを起こしていくことが、これまで以上に大切になっています。

環境問題を語ることにはいろいろな要素があり、考え方もさまざまです。そのなかでも確かなことは、今、我々はチャレンジのときを迎えており、最後のチャンスといえるほど逼迫した状況にあるということです。そして残された時間のなかでは、常に今このときがもっとも早い瞬間だということです。「今からでは遅い」ではなく、今アクションを起こすことが、常にもっとも早くスタートラインに立つことなのです。

食の分野で起きているアクションとして、例えばヴィーガンやベジタリアンの実践があります。これらはもともと動物福祉や宗教的な観点から広まったものですが、動物性食品がその生産において環境に大きな負荷を与えるという考え方から、環境に負荷をかけない食のあり方として実践する若者が近年増えてきています。

大豆ミートなどの代替肉の開発というアクションもあります。食料不足がすぐそこまで迫っているなか、大量の大豆を食べさせて育てた牛を食べるよりも、大豆をそのまま食べるほうがはるかに栄養効率が良く、環境への負荷も小さいと言われます。

最近では、日本でも大豆ミートなどの代替肉が大手スーパーマーケットの棚に普通に並ぶようになってきました。環境課題の解決を重視するＥＳＧ投資の株主の影響が、代替肉の普及を促進する一因になっているようです。

ところで、環境問題とは少し観点が違いますが、人権問題も食や農業の分野に大きく関わっています。人権問題はかねてより国連でも大きなテーマとされてきましたが、最近特に関心を集めているのが強制労働です。

これも日本ではあまり現実味がないかもしれませんが、強制労働は非常に範囲が広く、もしかしたら私たちの食卓にも強制労働の手を経て届けられた食品があるかもしれません。日本が輸入をしている海外の農地で、児童労働が関与しているということもあるかもしれません。

日本国内の農地の多くでも、外国人技能実習生という名目で来日したベトナムやミャンマーなどの外国の人々が働いています。

もしもその人たちが、同じ仕事をする日本人より賃金が低かったら。もしもパスポートをなくすといけないからと、雇用主が一括してパスポートを保管していたら。来日するために仲介業者から多額の資金を借り、日本での賃金が仲介料の支払いに充てられることになっていたら。

雇用主や仲介業者に悪気があるかないかにかかわらず、これらはすべて強制労働に含まれます。

農地とサプライチェーンはつながっています。ＥＳＧ投資とは、そこまで考える役割、見張りの役割も果たすものです。つまり、そのような人権問題をはらんでいる事業には、投資が行われず、社会から淘汰されていくということです。

私たち消費者も、自分が選ぶものが社会や環境に影響するという意識をもちたいと思います。強制労働なんて自分にはどうにもできない、関係ない、ではなく、知らなかったで済ますのではなく、一人ひとりがまず、そういった現実を知り、関心を持つということが大切です。これからは、そういうことまで考えて行動していくことが必要なのです。

行動を起こすには、「今からでは遅い」ではなく、今このときがもっとも早い瞬間です。だからこそ、今から、ここから、できるアクションがあります。私たち一人ひとりのアクションが明るい未来を形作るのだということをしっかりと意識して行動していきたいと思います。

プロフィール

夫馬賢治

1980年生まれ。

信州大学グリーン社会協創機構特任教授。ハーバード大学大学院リベラルアーツ修士課程（サステナビリティ専攻）修了。サンダーバード・グローバル経営大学院MBA課程修了。東京大学教養学部（国際関係論専攻）卒。（株）ニューラルCEO。戦略・金融コンサルタント。環境課題や社会課題に対応した経営戦略や金融の分野で東証プライム上場企業や機関投資家、スタートアップ企業のアドバイザーを多数務める。公職として、農林水産省「食料・農業・農村政策審議会（企画部会地球環境小委員会）」専門委員。他にも農林水産省、厚生労働省、環境省で6つの委員会委員を兼任。ウォーターエイドジャパン理事。Mushing Up理事。Jリーグ特任理事。著書『ネイチャー資本主義』（PHP新書）、『ESG思考』『超入門カーボンニュートラル』（以上、講談社+α新書）、他多数。

おわりに

医療、食、農業、環境という、すべての人にとって重要なテーマについて4人の専門家の皆様に御執筆いただきました。どの章も、今知っておきたい情報、改めて認識したい知識、自分ごととして捉えなければならない気づきなどがあふれていたことと思います。

これら4つのテーマは、ひとつひとつが人の社会にとって、非常に大きく重要なテーマです。そのどれかが一つでも欠けてしまえば、私たちの幸せで満たされた生活は成り立ちません。すべてがつながっていて、時代も国境も越える大きなテーマとなっています。

私たちが日々広める活動をしている自然栽培も、それぞれのテーマと密接につながっています。人の食生活に起因する地球環境や生態系への負荷を抑えるため。大地の栄養と滋味をたっぷり宿した野菜で食生活を彩り、心身を健康に保つため。私たちは、自然の循環に沿った営みである自然栽培の普及を目指しています。

今、気候変動、土壌劣化、生態系の破壊、森林の喪失など、私たちの生活に大きな影響を与える事象が地球規模で起きています。その中で、人同士が争いあって土地や資源を奪いあうような出来事も起きています。どこかで歯止めをかけなければ、現代社会の維持に欠かせない各種資源の奪い合いが、さらなる争いの火種になっていく悪循環にはまってしまいます。

今後ますます不足することが予想される資源のなかには、食糧や水という必要不可欠なものが含まれます。いずれは空気だって足りなくなるかもしれません。

以前からSF小説やパニック映画で語られてきた危機は、今や身近な現実問題となりつつあります。すべての人にとって、他人事でも絵空事でもなく、自分の身に降りかかることです。

それをどうしたらいいのか。今現在の生活をいきなり変えることは難しいでしょう。しかも何をどう変えればいいのか。何をすればいいのか。あまりに大きくてとりとめのない、けれど決して逃れられない問題です。

考え方も正解もひとつではありません。そのなかでわたしたちが目指すのが、自然に学び、自然に沿って実践することです。生命を生み出した源である自然のサイクルのなかで、太古から脈々とこの地球上で繰り返されてきた命の循環、保たれてきた大いなるバランスに逆らわずに、現代社会での生活を維持していくことです。

その手段のひとつが自然栽培です。そして同時に、他の農業、他の考え方や生き方と共存しようとする多様性の尊重です。

自然栽培は特別なものではないということを本書の冒頭で述べました。まさに自然なことなのだと。だから地球環境や生きものに負荷を与えにくい農法なのだと。

豊かに生きていくために必要なものは意外と近くにあります。どんな都会にあっても、先端技術を使いこなしていても、すべては地球という自然のなかで営まれていることなのですから。

自然から離れて生き続けることのできない存在として、私たち一人ひとりが何を見て、どう考え、どんなアクションを起こしていくべきか。本書がそれを考えるきっかけになれば幸いです。難しいことでも特別なことでもありません。自然と共にあるという、本来の姿を意識し、できることから実践するだけです。

未来を良くする有り方を、皆様と共に学び理解し実践して広めることで、私たちとその先の世代が幸せに暮らす明るい未来を実現できればと願います。

二〇二三年六月吉日

一般社団法人　自然栽培協会

■ Staff

企　　画：中西隆允
出版プロデュース：平田静子
編　　集：オフィスふたつぎ
編集協力：植田雄一郎
執筆協力：稲佐知子
イラスト：かとうあたたか
表紙デザイン：WHITELINEGRAPHICS.CO
校　　正：宮原拓也

農業と食の選択が未来を変える

医・食・環境から見る自然栽培という選択肢

2023年7月11日　第1刷発行

著　者　赤穂達郎　井上正康　奥田政行　夫馬賢治
監　修　一般社団法人自然栽培協会
発　行　一般社団法人自然栽培協会（2023年7月1日 現在）
発　売　株式会社玄文社　後尾和男
【本　社】〒108－0074　東京都港区高輪４－８－11－201
【事業所】〒162－0811　東京都新宿区水道町２－15　新灯ビル
TEL　03－5206－4010　FAX　03－5206－4011
http://www.genbun-sha.co.jp
e-mail：info@genbun-sha.co.jp

印 刷 所　新灯印刷株式会社

ISBN 978-4-905937-99-9